トップブレンダーが教える

# 紅茶の流儀

## 茶葉の見極めとペアリング

沖縄ティーファクトリー
内田智子

# はじめに

私は紅茶の流通業界で長く仕事をさせてもらっています。手元に紅茶が届くたびに、袋を開いて香りを嗅ぎ、探し求める風味があるかを確かめて、お湯を沸かします。

お湯が沸くまでの間、手のひらにのせた茶葉を指でつぶし、乾燥と保管状態を見ます。そしてテイスティングカップを並べ、量った茶葉を入れたら熱湯を注いでタイマーをセットします。

蒸らし時間が過ぎたらカップの抽出液をボウルに移し、湯切りされた茶葉をカップの蓋の上にひっくり返します。ぎゅっと捻《ねじ》れていた茶葉はお湯の中で水分を取り戻し、葉の形に返ります。この状態から茶園での肥培管理、茶摘み時の天候、紅茶の運ばれてきた環境や保管状態、作り手、売り手の考えを読み解きます。

「紅茶は好きだけれど、詳しいことはよくわからない」

という声を聞くことがあります。そのたびに私は、

「紅茶ほどわかりやすいものはないのに…」

と心の中で思っています。

この紅茶に対するイメージの違いを埋めたいという思いが、いつしか胸に湧き上がりました。私が紅茶の流通に長く関わってきた中で得た情報を紅茶が好きな皆様にお伝えして、紅茶をもっと楽しんでいただきたい。

紅茶は、山の斜面で作られ、工場に運ばれて加工され、茶葉の大きさごとに分けて大きな紙袋に詰められ、ロットナンバーがつけられます。これが原料紅茶です。

その後原料紅茶は、山を降りて町に運ばれ、倉庫に集められ、サプライヤーがタイプ別に分類し、世界のバイヤーに連絡をとってサンプルを送ります。

バイヤーは食材探しのように必要な原料紅茶を見極め、購入希望をサプライヤーに伝えます。ここまでは価格がついていないので、希望して買えることもあれば買えないこともある。運よく買えた原料紅茶は船に積まれ、それぞれの国に運ばれます。

バイヤーの元に届いた原料紅茶は、大きな紙袋から小分けにして詰め替えられ、商品へと姿を変えていきます。

ロットナンバーが付けられ完璧なトレーサビリティーのもとで管理される原料紅茶。イギリス人が作った、他の葉っぱ一枚混入しない物流の仕組みは、現在も機能しています。

あるとき私の沖縄のオフィスに緑茶の専門家の方たちがいらっしゃいました。専門家の訪問は私にとってとても嬉しいことなので、私の知る限りの紅茶の知識をお伝えしたくて、産地ごとに並べて味を比べる“スライドテイスティング”を行いました。

テイスティング を一通り終えたところで、その中の1人がこうおっしゃいました。

「紅茶は歴史やメーカーの話ばかりで霧に包まれ、うさんくさいと思っていたけれど、今日初めてはっきりとしたものに触れられた」

同じ言葉をより多くの方から聞くことが、いつしか目標になりました。

そののち、出版関係の方から「本を作りましょう」と声をかけられました。たくさんお話しする中で、少しずつ構想が見えてきました。そして出版社をご紹介いただいたのが、この本が出来る2年前です。

この本の中でご紹介する、長い時間をかけてたどり着いた手法はどれも、何かの本に載っているとか、誰かが教えてくれたというものではありません。

かつてスリランカに暮らしていたときに、紅茶作りの現場を訪ね歩く中で出会ったそれぞれの専門家が私に見せ、聞かせてくれた情報の断片。それらが後に、沖縄で紅茶を栽培する中で1つに集まり、つながって生まれた方法や考え方です。

誰かが教えてくれたなら簡単だったのに…。知っていたら3年、いや5年は早く今の状態になれたのに、と気付いた後に恨めしく思ったことは数えきれません。

長きにわたって私が紅茶を仕入れ、商品を作ることができたのは、スリランカの暮らしの中でおいしい紅茶にたくさん出合えたからでした。

その感動は消えることなく、多くのお客様に紅茶で喜んでいただきたいという思いが、私を育ててくれています。そうして培った方法や考え方を今、この本を開いてくださった紅茶好きの皆様にお伝えしたいと思います。

# Contents



## Chapter1
# 品質を見分ける



## Chapter2
# 紅茶が出来るまで

*Chapter3*

# おいしい紅茶のいれ方



*Chapter4*

# テイスティング技術



*Collaboration*

## 紅茶の味を見極める



## 紅茶の味を可視化する味覚チャート

*Chapter5*

# 紅茶のあるテーブルの風景

*Chapter6*

## 紅茶の導入例



*Chapter7*

## 沖縄での紅茶作り

# *Chapter 1*
# 品質を見分ける

スリランカから届く国際宅配便

中には来週のコロンボオークションのサンプルが入っています

包みを開き香りを確かめると

それは私の好みの原料紅茶でした

テイスティングのためのお湯を沸かす間に

左の手のひらにひとつまみの茶葉をのせて

右手の指を立てます

新しいサンプルが届くたびに行うこと

この章ではバイヤーとして品質を見極める方法をお伝えします

# 紅茶とは、どんな飲み物でしょう？

学校から帰った娘に、背中越しに何か声をかけても受け止められる情報は少ないのですが、「紅茶をいれたよ」と声をかけてテーブルに準備すると、向かい合って座り互いに顔を見ながら話ができました。

手を動かしながら聞くときとは違い、ティーカップに砂糖とミルクを加え、スプーンでかき混ぜながら興奮気味に今日の楽しかったことを語り、またポツリポツリと今日うまくいかなかったことを話してくれました。

娘が成人した今はその時間は減りましたが、若い彼女が自分を信じて思う道にいきたいと話してくれたのもまた、紅茶のあるテーブルでした。

顔を見ながらの会話からは、言葉以上にいろいろなことが伝わります。彼女と向き合えるひとときであったティータイムが、よい思い出になっていることを今でも幸せに思います。

１人のティータイムもまた、私にとっては楽しみな時です。

お湯を沸かし、茶器を取り出してテーブルに置く。茶葉を量り、温めたティーポットに茶葉を入れたときに生産地の香りがすることがあります。この茶葉を製造した工場が稼働しているときの匂いが温めたポットの中で香る楽しみは、思い出と旅心を刺激してくれます。

紅茶をいれるときにいつも思うのは、紅茶をいれることは、かつお節でだしを引くこととよく似ているということです。

茶葉もかつお節と同じように、保管方法に気を遣います。湿気させないように、砕けないように、紫外線を避けること。だしを取るときの水質で風味が変わるところも似ていますし、種類が違うとだしの色も違うなど、紅茶と同じと思うことが多くあります。

紅茶をだしと考えると、濃くいれたものは後からお湯で割って調整することが可能ですが、薄くいれてしまったものは味を濃くすることができないなど、いろいろと気がつくことがあります。

だしを丁寧に引くように、紅茶を丁寧にいれる。すると眠っていた茶葉が、気持ちに応えようとしてくれます。

# 紅茶の正体を知る

紅茶の原料の茶の木は、ツバキ科の常緑樹で種類が2つあります。1つは「チャイナ種」で成長すると5メートルほどになり、寒さに強い性質があります。もう1つは「アッサム種」で、暑さに強く、15メートルにもなります。

紅茶を作るための原料は、茶の木の新芽を摘んだものだけです。水を一滴も加えず、新芽を集めて萎《しお》れさせ、揉《も》みながら葉の細胞を壊し、中にある成分を出して温度と湿度で調整して成分を結合させます。すると葉の中の酵素が動き出し、発酵が始まります。

これをそのまま放置すると、発酵過程を過ぎて分解が始まってしまうため、酵素の働きを完全に止めるために高温で加熱し、水分を抜いて眠らせます。これが完成した紅茶です。

紅茶をいただくときは、よく寝ている茶葉を熱湯で目覚めさせ、水分を再び含ませて葉の状態に戻します。茶葉はティーポットの中でジャンピングしながら、発酵で生まれた成分をお湯に解き放ちます。

紅茶は、数あるお茶の中で最も多く生産され、そして世界で最もたくさん飲まれている飲み物です。

紅茶が、他の飲み物と比較してどんな役割を果たすのかを確かめる方法があります。

紅茶とお水とコーヒーをベイクドチーズケーキと一緒にいただきながら、どのように違うのかを比べてみましょう。ベイクドチーズケーキをひとつ用意し、飲み物は、水、紅茶、コーヒーを用意します。

紅茶とコーヒーは少し冷まし、水は常温にします。味を感じるセンサーである味《み》蕾《らい》は、体温に近い温度の方が正常に反応するので、味の変化を感じ取りやすくなります。味蕾は液体にだけ反応する性質があるので、ケーキと水分でセンサーの働きがよくなる組み合わせになります。

初めにケーキを小さくひと口食べて、同時に水を飲みます。飲み込まずに口に含んだまま変化を感じてみてください。ケーキの味は水を含むとだんだんと風味が薄まりますが、油脂が重く口に残ります。

次に、また同じくらいのケーキを口に入れて、今度は紅茶を飲みます。ケーキが紅茶に溶け込んでいくと素材のチーズの味がよりはっきりと感じられて、紅茶も甘味を含んで味に丸みがつき、よりおいしく感じます。おいしさがだんだんと増して、飲み込んだ後も、口や鼻の奥にベイクドチーズケーキのおいしさがキックバックしてきてもう一度楽しめます。

これが紅茶の持つ役割です。

紅茶は、糖質と油脂が加わるとプラスに働く飲み物です。リッチな食材ほど豊かな味わいを押し上げながら、砂糖の甘さをすっきりと感じさせ、最後は紅茶の渋味が口をリセットします。

紅茶によって、一緒に食べるスイーツが一段とおいしく感じられることに気がつきます。この理論を持ち、スイーツがおいしくなるようにと原料紅茶を選んで商品を作る私たちの紅茶を理解し、好んでくださるパティシエさんがいることに喜びを感じています。

ときに紅茶は、お湯に色と香りがついたものと思われることがあります。過去の私も実はそうでした。

しかし紅茶の特性を知るにつれ、紅茶マジックと呼びたくなるような、紅茶と食べ物との関係があることに気がつきました。これこそが紅茶が全世界で一番たくさん愛されている飲み物の理由だと私は思います。

では、コーヒーではどうでしょう。ベイクドチーズケーキを口に入れてコーヒーを一緒に含むと、ケーキの表面の焦げ目とコーヒーの苦味が共鳴して、苦い味が一段と強くなったように感じます。そしてケーキの焦げ目とコーヒーのローストの風味と、油脂の重さが口に残ります。コーヒーは、コーヒーと一緒になったときにプラスに働くスイーツを選ぶことで、コーヒーの役割もまた生まれます。

水と紅茶とコーヒー。同じスイーツで飲み比べてみると、その役割の違いが明らかなのを実感していただけたのではないでしょうか。並べて試すことで飲み物の役割が明確になるので、おもてなしの場面でも安心して活用していただけると思います。

どうぞご自身でも飲み比べの実験をして、紅茶のことを知ってください。多くの楽しみや喜びが、あなただけの組み合わせにまだ潜んでいるかもしれません。紅茶の、油脂や糖質をプラスに変える特性をどうぞご活用ください。

# スリランカでの暮らし

私の人生の中で紅茶が、半日も欠かさない飲み物になったのは、スリランカで暮らしてからです。

バブル期の日本を後にし、やってきたスリランカ。初めて空港に降り、迎えの車に乗って自宅までの道のりを走る間、窓から見る光景は驚き以外のなにものでもありませんでした。かろうじて舗装された道路の脇には赤土が残り、振り返ってリアガラスから外を見ると向こうが見えないほどに砂埃が巻き上がっています。

街で人通りのあるところを歩いてみると、人が集まる場所には牛がいて、「あれは誰が飼っているの?」と尋ねると「ワイルド・カウ」と答えが返ってきます。ワイルド・ドッグは野良犬のことだから、野良牛ということかしら? となんとか理解し、牛をよけながら通りを歩きます。

このころは街を行き交う人の半分以上がまだ裸足で、女性はみな髪が長く、色とりどりの美しい配色のサリーをまとっていました。線路は、電車が来ないときには隣町にいくための近道でした。美しいサリー姿の女性が雨傘をさし、長いショールを揺らしながら楽しそうに線路を歩く姿に、しばし見とれてしまったことを今でも思い出します。

そんなスリランカで暮らすようになったのは、夫が紅茶のプランテーションの経営に関わることになったからでした。

山の上に建つ、昔の学校のような木造の、四角い3階建の建物が紅茶工場です。その周りを見渡す限りの茶畑が囲んでいて、このすべての木を人が植えて、人が摘んでいるとは信じがたいほどの広さです。

稼働している工場は細かな紅茶の粉が舞い、目も鼻もむずむずします。逃げる場所を探すと、工場の一角にガラスで区切られ北側に大きな窓を持つ部屋がありました。そこだけが静かに整った雰囲気。ティーテイスターのいる、テイスティングルームでした。

テーブルにはテイスティングカップと呼ばれる真っ白い茶器が一列に並べてあり、お湯を沸かす大きなやかんと、口に含んだ紅茶液を吐き出すための真鍮《しんちゅう》の筒型容器が置かれています。

眺めていると、製造されたばかりの原料紅茶をロットナンバーごとにテイスティングしていきます。これだけたくさん並べて味を見分けているの？ なんだか不思議なことをしているように見えます。北側の大きな窓は、カップの中の水色を見るためのものでした。ティーテイスターが言います。

「保管状態のよいものは、情報が多い。保管状態の悪いものは、情報が少ないのだよ」

いろいろと教えようとしてくれますが、さっぱりわからない私は、所在なく出された紅茶を１人静かに飲んでいました。

スリランカの暮らしが始まり、街で日々の買い物をしなければならなくなりました。電気が安定しない国、食べ物はすぐに傷むので、２日に１度の食料調達が欠かせません。

この時代のスリランカは、スーパーマーケットが国に2軒しかありませんでした。買い物はもっぱら青空市場です。

市場の中央の日の差し込むスペースでは鶏が元気に歩き回り、エサをついばんでいます。並ぶ店は、美しく積まれた色とりどりの野菜や果物であふれ返り、色合わせの妙を感じる美的センスはサリーの色柄を思わせます。

その日は鶏肉を買いたいと見て回っていましたが、冷蔵庫のある肉屋が見つからず、通りかかった靴屋のご主人に「チキンはどこかしら？」と尋ねました。するとこう言葉が返ってきました。

「ちょっと待って。20分後だ」

靴屋の主人は広場の真ん中にいる男性に、何か大声で告げています。ほかで買い物をした後に靴屋に戻ると、その主人に「出来たよ」と言われて差し出されたのが鶏肉でした。

包みを受け取って思わず手を引っ込めそうになった私。なんとその肉の塊は温かく、それが鶏の体温であることがすぐにわかりました。気を失いそうになるのを必死にこらえて、なんとか駐車場の自分の車に戻りました。

どうやって家に帰ったのか覚えていないほどの衝撃的な鶏肉との出合い。きちんと食べてあげなくてはと思いながらも、冷蔵庫を開ける手が震えました。

後から冷静になって考えて、注文するとその場で鶏をさばいて鶏肉にしてくれるシステムなのだと理解しました。ということは、私があのとき受け取った鶏肉は、広

当時のスナップ写真

場を闊歩していた、あの鶏なんだわ！と事態を飲み込むのがやっとでした。

翌週、また鶏肉を買いたいと思ったのですが、やはり注文の仕方がわからず、結局靴屋の主人に頼むことに。それからしばらくの間、私は靴屋で鶏肉を買うことになるのでした。

スーパーマーケットがないと、売り物に定価がないことに気がつきます。青空市場で私に告げられる物の値段は、いつも現地の人と違いました。その違いが悲しくて、英語を話す果物屋の主人にいつまでたっても地元の人と同じ値段で野菜や果物を買えないと話したら、「シンハラ語を覚えたらいい」とアドバイスしてくれました。

英語すらままならない私は、地元の言葉に取り組むことを後回しにしていたのですが、街に出ればすべての人がシンハラ語の先生です。店先のあちこちに教えてくれる先生を見つけては、レッスンを始めました。片言のシンハラ語を話し出した私に、皆さんが喜んで話し相手になってくれました。

スリランカの暮らしはこうして、全てが手探りから始まりました。今のようにインターネットやスマートフォンもありません。新聞やテレビの情報も外国人に親切なものは乏しく、手元にあるのは旅行雑誌が１冊だけです。生活に必要な情報は、街に出て自分の目と耳で得なければなりませんでした。

環境は全てが日本と比較にならない状態で、水道から出る水は、残念ながら安心できるものではありません。自動販売機などありませんし、ペットボトルの水は身近では売っていません。飲み水は水道から得るしかなく、よって煮沸することが必須です。

煮沸して濾過して飲む安全な飲み物、それが紅茶でした。

紅茶は、スリランカの暮らしの中に必然としてありました。１日が紅茶で始まり紅茶で終わる暮らしは、すぐに私の生活習慣となりました。紅茶は身近にありましたし、ローカルティーと言ってオークションにかからない、地元で出回る紅茶もあります。

しかしまだこのころの私は、いずれ自分がティーブレンダーの仕事をすることになるとは思いもよりませんでした。

# スリランカのティーパーティー

手探りが続く日常の中で、近隣のある奥様からティーパーティーに誘われました。友達のいない私を気遣ってくれたのでしょう。しかしこのティーパーティーのお茶を飲みながらのおしゃべりで、私は生活に必要な情報を得られるようになっていきます。

ティーパーティーは、ビスケットのような簡単なお菓子とポット1杯の紅茶で気軽に楽しむものから、持ち寄りでティーフードを楽しむ和やかなパーティー、招待状が届くようなややフォーマルなスタイルまでさまざまでした。

そこでの会話で私が得たのは、どこで何が買えるとか困ったらどうすればいいという日常生活に必要な情報のみならず、ティーパーティーのための紅茶のいれ方、スリランカの紅茶の歴史、手間を省いたティーフードのレシピ、お招きのためにそろえるべきティーカップやお皿のこと、さらには会話のたしなみまで。実にいろいろなことを私はそこで学びました。

例えば、紅茶はポットで出されて自分のカップの中で濃さと砂糖とミルクの量を調整して飲む飲み物だとか、ティーフードが小さいのはおしゃべりをさえぎらずに相槌をすぐに打つためで会話のリズムを崩さない工夫なのだ、などなど。全てが合理的で、全てが思いやりに満ちていました。

まだ日の浅いあるとき、私はお茶を飲みながら隣に座ったマダムに「お姑さんとなかなかうまくいかないのよ」と何気なく話しました。するとそのマダムは優しく控えめに言いました。

「そういう話はね、お家に置いてくるのよ」

私ははっとして、ティーパーティーとはそういうことを言う場ではない、お互いの会話を楽しむ時間なのだ、と悟ったのでした。たったひと言で、しかし嫌な雰囲気にはせずにいともスマートに私をたしなめたこのときの言葉を一生私は忘れないでしょう。

ティーパーティーへの参加を重ねると、実に皆、お話がとても上手なのがわかります。明るくスマートで、ユーモアにあふれ、皆で巧みにその場を盛り上げるのです。同様に場をしらけさせない紅茶のサーブのしかたがあり、ホストが優雅にふるまうためのティーフードの出し方がありました。

ティーパーティーが単にお茶を飲みながらお菓子をいただくというだけではなく、大人の社交場であることは、昔も今も変わらないのだろうと感じました。

そんな日々の中で、私はティーパーティーが何よりの楽しみとなっていきました。初めはお呼ばれするばかりでしたが、あるときついに「今度はトモコがホストの番よ」と順番が回ってきました。さあ、どうしましょう。何をどう準備すればよいのかわからず気持ちが慌てる私に、親しくなったマダムが救いの手を差し伸べてくれます。

「トモコ、まずは一緒にティーカップを買いに行きましょう」

不安な面持ちの私をマダムが車で連れて行ってくれたのは、「NORITAKE」と看板のかかった大きな建物でした。我が家から車で40分ほどの場所に、日本の高級食器メーカーの工場があったのです。

「普通のメーカーはお皿を30枚重ねると倒れるけれど、NORITAKEは50枚重ねても大丈夫」

と彼女は絶大の信頼を寄せていました。サイズがきちんとしているので、カップとソーサーがカチャカチャ音を立てずエレガントよね、と話しながら私を見る目は日本人なのに知らないのと言っています。

ずらりと並ぶ品物を見て、じゃあこれにしましょうと1セットを買おうとすると、マダムも店員たちも一度に買うなと口々に私を止めます。

「気に入ったらまずは1客購入して、実際に家で使ってみるのよ。カップの口当たり、持ち手の持ちやすさ、部屋に置いたときのインテリアとの相性を見てごらんなさい」

私は1つに決めきれず、2つのタイプの違うティーカップを購入し、言われたとおりに家に帰って紅茶をいれてみました。実際に紅茶を注いで飲んでみると、明らかに使い心地の良し悪しがあります。

使いやすいと感じた一方のカップに決めて、翌週マダムと一緒に再びNORITAKEを訪れました。そしてティーカップのセットのほかに、ティーポット、ミルク入れ、シュガーポットのフルセットを買おうとすると、マダムにまた止められます。

「いくつ買うつもりなの?」

私が気に入ったカップは6客が1セットでしたので、そのフルセットをと答えると、彼女はだめよと言います。

「あなたの家の客間の椅子の数は、8脚だったわよね」

おもてなしの茶器を全部そろえるつもりが、危うくちぐはぐになるところでした。

その日、買い物の許しが出たのは、カップ&ソーサーが8客と、柄がそろいの18センチのケーキ皿が8枚、大皿が2枚です。ティーポットを買いたかった私は少し不満でしたが、帰りの車の中でマダムにこう言われました。

「ポットはポットカバーで見えないし、ミルク入れとシュガーポットはシルバーが割れなくてお薦めよ。セットで買うと割れたとき悲しいわよ」

なるほどと大きくうなずいた私でした。

実際にこのセットをテーブルに並べてみると、柄そろいの大皿があることでバランスが取れて、テーブルの雰囲気が整うこともわかりました。お皿については、後日こう言われます。

「すごく気に入ったならお皿を買い足してね。次は21センチのデザート皿がお薦めよ」

言われたとおりに21センチのデザート皿を買うと、18センチのものと重ね使いができて、きちんとした感じがさらに上がります。このときに購入したシルバー製のミルク入れとシュガーポットは、今でも我が家で日常的に使っています。

このようにティーパーティーの中で、私はスリランカのマダムたちから地に足がついたアドバイスを受け、紅茶の世界にどんどんのめり込んでいきました。

スリランカの、何を手に入れるのも一筋縄ではないという暮らしの中で、マダムたちのティーパーティーに参加する機会を得たことは、今の私にとってはなによりも宝物です。

ホテルやレストランのアフタヌーンティーという商品でしか知らなかったティータイムが私の日常になったスリランカのティーパーティー。紅茶で人をもてなす。それは紅茶のある豊かな暮らしそのものでした。

# テイスティングとは何かを知る

スリランカのティーパーティーで紅茶にすっかり魅せられた私は、紅茶そのものへの興味が次第に膨らんでいきました。茶園を訪れる機会を得て、畑の茶摘みを見にいき、その摘んだお茶の葉は次にどうなるの? と工場をつぶさに見学し、その後に紅茶が運ばれていく倉庫も見せてと気持ちの赴くままに見学をお願いし、足繁く通うようになるのでした。

紅茶を作る工場の機械は、行く先々でどれも形や大きさや動き方が違い、どれも年代物で工場の主が自ら修理して使い続けていました。保管されている倉庫に行くと、紅茶は大きな木の箱に入っていて、昔はこの中に家具を入れて船でイギリスに運んだんだよ、そのとき紅茶は、椅子やテーブルが長い船旅に揺られて壊れないための詰め物だったのさ、などとそれまで聞いたこともないような昔話をしてくれます。何度訪れても胸がときめいて、それはそれは楽しい日々でした。

街でレッスンを続けていたシンハラ語も随分と話せるようになると、周囲はだんだん変化しました。

いつも逃げ込むようにいたテイスティングルームのティーテイスターたちも喜んでくれて、ある日「トモコ、ちゃんとテイスティングを教えてあげよう」とテイスティングを一から教えてくれました。真剣な面持ちで「僕と飲むと、産地や標高の高さが見分けられる」と言います。

1つ1つスプーンですくって飲む私に、隣で「これは霧がたくさん発生する茶園の紅茶だよ、タンニンが柔らかいだろう。これは標高が高い茶園だから、上あごを刺激してくるんだ」と丁寧に解説してくれます。

このとき私は、言われたことがそのとおりに口の中で起こるので、「自分には才能がある!」と勘違いしてしまいました。すごいことが自分に起きていると興奮する私に、テイスティングルームにいた人たちが「トモコ、これがわかるのは、保管状態のよい茶葉をプロが並べたからだよ。あなたの能力ではない」と念を押すように何度も言います。しかしこのときの大きな勘違いが、私のその後の日常を変えていくことになります。

時間ができると茶園のマネージャーに頼み込み、別の茶園にアポイントを取ってもらっては訪れて、好きなだけ滞在しました。テイスティングでさまざまな情報を読み取るおもしろさに目覚めたつもりになってしまった私は、茶園を巡る旅をひたすら繰り返しました。

訪れた茶園では、ファクトリーマネージャーが出迎えてくれて、ティーテイスターを紹介してくれます。ティーテイスターはテイスティングルームに私を案内し、同じロットナンバーで茶葉の大きさの違う紅茶をテイスティングさせてくれます。

準備をするのはまだ若いティーテイスターで、一生懸命にティスティングカップを並べ、紅茶を量り、大きなやかんを逆手に持って熱湯を注ぎ蓋をします。すかさず砂時計をひっくり返し「スーダナ」と上司に伝えます。スーダナはシンハラ語で準備ができましたという意味です。

砂時計が蒸らし時間の終わりを告げ、蓋付きのテイスティング用のカップを小さなボウルに横にしてのせるとボウルに紅茶が注がれます。さあ飲もうとスプーンを持つ私にティーテイスターは「Wait a minute（お待ちください）」と言って、私がわかるように紅茶を味の弱いものから強いものへと並び替えてくれます。

テイスティングの目的は1つではないということも、このときの紅茶巡りで知りました。テイスティングが行われているのが茶園なら、それは茶葉のコンディションと味の傾向を茶畑にフィードバックするためです。タンニンの上がりが悪ければ日光が足りないから天候をよく見てと畑の担当者に伝えます。

茶園から茶葉を買い付け流通にのせるサプライヤーなら、世界中の顧客にサンプルを送るのに無駄な送料を使わないためのテイスティングです。顧客ごとに求める味があるため、どこにどうさばくかを分類をします。

バイヤーにとっては、必要な紅茶をたくさんの原料紅茶から見つけ出すための味のテストです。それは食材探しそのもので、味わってみなければわからないため、ひたすら飲んで飲んで、目的の味を探します。

紅茶を商品化するティーブレンダーは、テイスティングでストレート、砂糖、ミルクと３段階で味を確かめ、商品化のその先までを読み解きます。

思いのままに紅茶を巡る旅を重ねる中で私は、スリランカで紅茶が畑からオークションで船に積まれるまでをいつのまにか見渡していたのです。

# 茶葉を見極めるということ

「紅茶はよくわからない」「紅茶は難しい」という声は、紅茶業界で流通や製造、販売に携わる方からも聞こえてきます。

長く紅茶の仕事に携わりながら思うのは、紅茶ほどトレーサビリティーが明確なものはないということです。他の原料流通物に比べると、明らかにわかりやすいことこの上ない商材です。

私の仕入先は複数にわたりますが、常に他の茶葉が混ぜられていない原料を仕入れることが必要です。スリランカではその仕組みが長い歴史の中で構築されており、信頼が置けます。これはその昔にイギリス人が築いた流通システムをスリランカ人が受け継ぎ、今現在もそのシステムをリスペクトし、継続しているからにほかなりません。

茶摘みされた茶葉は、他の葉っぱ一枚混入することなく製造され、原料紅茶についているロットナンバーは、いつ、どの茶園の、どのエリアで何キロ摘まれた茶葉で、どの工場で何キロ製造された茶葉なのかを正確に表しています。このロットナンバーのおかげで、原料紅茶を必要とする私たちブレンダーは、シングルエステート（単一の茶園）の紅茶を買い付けることができるのです。

原料紅茶の買い付けは、大きく分けて2つのパターンがあります。1つはオークションで入札する方法、もう1つは茶園や工場と直接取引をするプライベートセールスです。インドではこの2つの購入法の割合が50%–50%なのに対し、スリランカではオークション売買が90%以上です。

私は好んでオークションによる買い付けを選択していますが、トレーサビリティーが明確で、流通が確立されているからこそです。情報を広く把握している中でルートを明確にしておくことは、さまざまな仕事を請け負う際の選択肢が広いということです。

さて私たちブレンダーは、バイヤーが航空便で送ってくる一握りの紅茶のサンプルから、そのときに必要とする茶葉を選択し、1トン単位で買い付けます。その際に、サンプルからどのくらい情報を読み取ることができるかが、紅茶バイヤーの勝負どころです。

ある会社の紅茶テイスティングを頼まれました。気に入ったら買ってほしいという意向です。国際宅配便で届いたサンプルを開けて、茶葉の状態を「フィンガーテスト」で見ます。ここでパスしなければ、お湯を沸かす必要もないからです。

このサンプルは、紅茶流通の経験が少ないであろう、送り方を知らない梱包でした。通常なら同梱されているはずの、原料紅茶の信用と分類を表す製造日と生産量、さらにはロットナンバーの情報もありません。原料を茶園から直接購入したというそのバイヤーは、量と価格だけしか見ていないことがわかります。

私たちブレンダーは、他の茶葉が混ぜられていないことを示すロットナンバーで購入を決めるので、それがないものには、残念ながら信頼が置けません。

グレーディングは丁寧に行われているのがわかりました。おそらくオーソドックス製法をした後、さらにカラーセパレート機を使い、2段階で多分類に分けられています。

グレードの種類を増やし、多様な商品があるように見せるために細分化するのは、エクスポート・クオリティーで海外に売るための手法です。

送られてきた茶葉はラージサイズのオレンジペコ(OP)とブロークンオレンジペコ(BOP)のみで、間のサイズが存在するはずですがそれが含まれていないということは、大きめの葉をプライベートセールスでまとめて売りたいという意向が読み取れます。

保管状態は良好。フィンガーテストもよいクラック音です。指をスライドさせてみて、ドライングもよい状態で行われたことがわかりました。漂うアロマは昔ながらの乾燥機を使っているためミディアムグロン(中程度の標高の畑で育った茶葉)特有のカラメルテイストの香りがあります。

このように目と鼻で情報を得たら、次は実際にお湯で紅茶をいれてテイスティングをし、紅茶の風味を目と舌で確かめます。飲んでみると、全体に香りは控えめでボディのあるタイプ。バランスのよい風味から、土と水、紫外線の条件がそろっている茶園であることがわかります。

味のボディの厚いこうした原料は、オレンジペコとダストに風味がのりやすいはずですが、サンプルにダストがないのは、地元の方に愛されて常飲されるローカルティーがダストサイズなので、販路先がすでに決まっている、つまり地元で愛されている会社が海外にチャレンジしたいのだとわかりました。ダストが飲んでみたかったサンプルでした。長く作り慣れた印象の茶園の原料紅茶。このときは、この紅茶を買い付けることはありませんでした。

# 茶葉のグレーディング

茶葉は農園で摘まれ、製造過程を経て緑の葉が黒くなり紅茶になると、流通の手前で「グレーディング」という工程を踏みます。茶葉を大きさで分類するプロセスですが、専門家でも時折、茶葉の大きさが紅茶の品質や価格と比例する、というように誤解してしまうことがあります。

グレーディングのことをお伝えするときに私がよくお話しするのは、日本人に身近なかつお節です。大きく削られた花かつおと小さく削られた糸けずりでは、だしの出るスピードが違います。これと同じ意味をなしているのが紅茶のグレーディングです。

グレーディングは、オレンジペコ（OP）が一番大きく、ダスト（DUST）が一番小さな茶葉を意味しますが、味や品質とは全く関係のない順番の付け方で、単に大きな目のふるいから小さな目へと順にふるっていき、最後は一番小さく砕けた茶葉が残る、というだけのことです。

紅茶は農作物ですから茶園、品種、環境で生育状態は変わり、さらには茶葉の中でも新芽の薄いところ、葉脈、茎、産毛、といろいろなパーツがあります。

その茶葉が摘まれた後に発酵、乾燥とさまざまな工程を経ていくごとに、ちぎれ、捻《ねじ》れ、小さくもみ込まれたり引っぱられたりします。すると出来上がる茶葉は大きかったり小さかったり、ちぎれていたり、粉状だったりとさまざまな形状の集合体になります。

もしこれをそのままスプーンですくってポットに入れ、お湯を注いだとすると、困ったことが起こります。

それは、おいしく飲める時間がはっきりしないこと。正確に言うと、おいしい紅茶が抽出されるタイミングが○分○秒と決められない紅茶、ということになってしまうのです。

つまりなぜ紅茶が流通される前にこの分類が必要かというと、大きな茶葉と小さな茶葉では、紅茶の抽出の時間＝蒸らし時間が違うからです。紅茶をかつお節に例えましたが、紅茶の茶葉もその厚さや形状によって蒸らし時間が変わってくるのです。

かつお節で言うところの一番上が「花かつお」、一番下が「糸けずり」。それぞれ蒸らし時間が違うだけで茶葉の良し悪しは、味という指標で見極める。グレードは上からOP、BOP、DUST。

## 一般的なグレーディング

| 表記 | 読み方 | 葉の大きさ |
| --- | --- | --- |
| OP | オレンジペコ | 大 |
| FOP | フラワリーオレンジペコ | |
| BOP | ブロークンオレンジペコ | |
| BOPF | ブロークンオレンジペコファニングス | |
| DUST | ダスト | 小 |

ぎゅっと捻れて乾燥した紅茶に熱いお湯を注ぎ、捻れた茶葉がお湯の中で広がり元の葉の形に戻るときに、閉じ込められていた風味がお湯に解き放たれます。この時間が蒸らし時間です。大きな茶葉なら蒸らし時間は長く５分ほどですし、薄くて細かな茶葉ならば３分台と短い。細かくて小さい粉状の茶葉ならば１～２分とさらに短い。

紅茶をブレンドする際には、組み合わせる紅茶の抽出時間を一致させるために、サイズが同じであることが必須です。ですから流通にのる前に紅茶の大きさを分類する必要があるのです。

蒸らし時間をそろえることは、ブレンダーの仕事の基本です。それはティーポットのおいしい蒸らし時間を決めるプロセスでもあり、この風味で楽しんでほしいという大切なメッセージをお客様に伝えるための欠かせない手順です。

このことに私が気がついたのは、スリランカのとある小さな工場で、紅茶を分類する光景を目にしたときでした。

その工場は、私が見てきた中でも特に古い趣のある工場で、何十年も前の紅茶の製法を守りながら、同じく何十年も前から使っている機械を使って紅茶を製造していました。ファクトリーマネージャーもベテランです。私はかねてよりこの工場の紅茶の味を知っており、出来上がる原料紅茶の味も状態も申し分ありません。

工場を訪れたとき、紅茶をちょうど選別していました。大きな網が電気のモーターで揺すられ、見れば確かに同じ大きさにそろえられて、箱に梱包されていきます。

最後に選り分けるのが、ダストと呼ばれるものです。大変細かく粉のような形状ですが、このダストをさらに２つに分類するというのです。

この小さな小さな茶葉をこれ以上どうやって分けるのかと疑問に思いながら見ていると、担当者は私の目の前で大きなシートを広げて、その横にこれまた大きな

これはよく知られたブランドの紅茶。グレーディングでせっかく大きさを分類した茶葉が、ミックスされている。ラージサイズのリーフに、BOPが混入している。味も確かめましたが、紅茶のことを知らない方がブレンドした結果です。

扇風機と長い脚立を置きました。そしておもむろに茶葉の入ったカゴを持って脚立に上り、電源を入れた扇風機の前に高いところから少しずつ茶葉を落とし始めました。

シートの上には、扇風機の風の方向に沿って、茶葉が細長く積もっていきます。重いものは扇風機の近くに積もり、軽いものは飛ばされて遠くに積もるというわけです。そして扇風機に近い方がダスト1、扇風機から遠い方がダスト2になるというのです。

私は非常に感心し、去り難くいつまでも見ていました。ファクトリーマネージャーは作業が終わった後、なかなか立ち去らない私にテイスティングをさせてくれたのですが、ダスト1とダスト2の違いをしっかりと感じました。ほんのわずかな大きさと重さの違いが、風味を分けていたのです。

扇風機と脚立の登場に何が始まったのだろうと思わず見入っていた私は、このとき初めてグレーディングの意味を知ったのでした。

グレーディングは、ポットに入れた紅茶に熱いお湯が注がれた後の蒸らしの時間=「おいしい時間」をそろえるために行われます。

グレーディングされた後、工場の製造段階から流通段階へと移された原料紅茶は、オークションやサプライヤーによって売買されます。サイズと価格の関係性はありませんので、大きいものが高いなどということはありませんが、実はここで流通上のある事情があります。

蒸らし時間が3分のブロークンオレンジペコ（BOP）と、5分のオレンジペコ（OP）では、その茶葉の形状から同じ容積の箱で重量が2倍以上違うことです。BOPは茶葉が小さいため箱に隙間なく入りますが、OPは茶葉が大きく不均一な形をしているため茶葉同士の間に隙間が空きます。ですから、BOPに比べてOPは箱におよそ半分の重量しか入りません。

この事情から、大きな茶葉は送料が割高なので、高く売れる条件のものしか輸入されないことがあります。これが、大きな茶葉は高級というイメージの背景です。

また、茶葉のサイズが混合してブレンドされている紅茶製品を時折見かけますが、これは紅茶の流通経験が少ない方がブレンドしたことを示します。紅茶が蒸らし時間であるグレーディングをしてから流通されるものであることを知らない、もしくは意識していないということです。

お客様に紅茶のおいしさを伝えようとしている商品ならば、1つの缶の中の茶葉のサイズが同じ=「おいしい時間」が同じになっているはずなのです。

# 手のひらと出がらしでよい茶葉を見分ける

紅茶の流通の中でバイヤーは、紅茶原料のサンプルから情報を読み取るテイスティング技術によって紅茶を買い付け、それをブレンダーが引き継いで、買い付けた原料茶葉を組み立てて商品にします。

スタートはいつも原料紅茶を仕入れることから始まります。その際に、目の前にある茶葉はどんな個性を持っているのかを見極められないと仕入れられませんので、食材探しのように常に情報を得るために原料茶葉をテイスティングします。

個性が強くて味のバランスが悪く、扱いが難しい茶葉もありますが、だからといって買うに値しないかというとそうでもなくて、際立った個性を持つ茶葉が、他の個性を持つ茶葉と一緒になったときに、1つの新しい風味を作る役割を果たすこともあります。

ですから紅茶は、バイヤーが扱う段階では、紅茶の良し悪しの判断はしません。あくまでも「どんな個性を持つか」という原料としての見極めです。

ブレンダーの仕事において最も重要な、よい紅茶を見分ける方法の基本は、悪い茶葉を見極めて購入リストや既存の在庫から除外することです。悪い茶葉とは、劣化してしまった茶葉のことです。流通のどこかの段階で、紫外線が当たってしまったり、湿気を含んでしまったりした茶葉は、味が落ちてあってはならない風味を醸すこともありますから、こうした悪い茶葉がわかるようになると、よい紅茶をお客様にお届けすることができるようになります。

悪い茶葉を見極める方法は、次のとおりです。

### 指でつぶす〜フィンガーテスト

抽出前の茶葉で行います。スプーン半分ほどの茶葉を手のひらにのせて、その上に人差し指を立ててギュッと押してみます。

このとき、そうめんのようにポキッとクラック音がする、または音がするような感触があると、その茶葉は水分量5%以下で湿度から守られ、完璧に近い形で保存されていたことがわかります。

もし、湿気に触れた茶葉ならば、指で押したときにポキッと折れるような感触が指先に響きません。指に弾力を感じてミシッと沈みます。

今ある茶葉をテストして、弾力を感じる茶葉であったなら、いち早く飲んでしまいましょう。あるいは、のちに紹介しますが紅茶の茶葉を料理に使うことをお勧めします。

ちなみに私の会社を含め多くの茶園では、そうした茶葉を見つけたならば、コンポストティーというシールを貼って、茶畑に撒くものとして倉庫から出されます。

## 指で引きずる〜スライドテスト

フィンガーテストと同じく茶葉を手のひらにのせて、人差し指を寝かせて指の第一関節の腹で押しつぶしながらずらしていくと、茶葉の乾燥のしすぎの有無がわかります。スライドすると簡単に指の下で崩れて粉になってしまう。これは水分が抜けすぎて、茶葉が炭化している状態です。この20年ほど間に紅茶を作り始めた新興国の茶葉によく見受けられます。指で粉状に崩れる茶葉は次の2つの理由が予測できます。

1つは乾燥時の温度や時間の調整が行われていないという、製造技術の問題です。もう1つは国産紅茶にも時折見受けられますが、緑茶の製造機械で紅茶を作ろうとしたときに、機械の温度管理の限界から、紅茶の条件の完全発酵ができていないがために紅茶の色が濃く出ない場合です。この色を濃くしようとして茶葉に強めに火入れをしてしまい、結果的に茶葉が炭化、つまり焦げてしまい、色は濃く出ますが紅茶ではなくそれはほうじ茶や鉄観音茶の味になります。発酵過程で紅茶になりきれなかった茶葉は、後から色をつけても紅茶になることはできないのです。

フィンガーテストで手の中で沈む茶葉に出合うと、「昔は美人だったのにね…」と出合いの遅さを残念に思い、スライドテストで炭化した茶葉に出合うと「やけどしたのね…」と労をねぎらいます。

## 出がらしで見分ける

紅茶を抽出した後に残る出がらし。この状態からは、茶葉の保管状態の良し悪しを見極めることができます。出がらしが、葉っぱの形に戻っているならば、それは保管状態のよい茶葉です。茶葉の形が保たれながら乾燥も行き届いていると、お湯で戻された後、元の葉っぱの形に戻る力を持ちます。

もし出がらしの葉が開いていなかったり、水切れが悪く茶こしの中に張り付いたりするような場合は、保管途中で湿気を含んだことを表します。例えば、茶葉を荷受けした日がたまたま大雨だったとしたら、多湿環境にさらされた茶葉はどうしても水分を吸い、劣化します。特に空港や港でパレットに乗せた箱の一番下などは、劣化しやすいので必ずテストを行います。湿気を含んでいれば、ブレンドしたときに他の茶葉をも湿気にさらすことになるので、初めに除外しなければなりません。

# シルバーチップとゴールデンチップ

紅茶の品質が語られる中で、高品位の紅茶の要素の1つに「シルバーチップ」「ゴールデンチップ」があります。

これは植物に生える産毛のことで、茶として摘み取られる2葉1芯の、まだ葉が開かない真ん中の新芽に生えています。葉の成長時に外側からかかるストレスに対して、産毛を生やして新芽を守ろうとする作用によるものです。

色の違いはあるもののどちらも同じもので、製茶時に発酵時間が長く色が染まるとゴールデンチップになり、染まらないとシルバーチップになります。

新芽を拡大鏡で見ると、産毛に包まれています。これが含まれる紅茶は、産毛の一部がお湯に溶け、口当たりが丸くなります。そしてとろみがあるので、口の中の滞留時間が長くなり、風味を感じる時間が伸び、その結果いつもの紅茶が味わい深く感じられるようになります。

極めて細い産毛は、グレーディングの際にDUSTやBOPFに多く交じり、スモールリーフでも魅力的な原料紅茶になります。新しいとまるで、お寿司屋さんで出てくるアガリのようなとろみのある、おいしい紅茶になります。

高級紅茶の代名詞のように書かれるゴールデンチップ、シルバーチップですが、どの茶畑からも採れるわけではありません。アスリートのように痩せさせた茶畑に植えられている木が、強い紫外線や風のストレスを受けた場合だけです。

沖縄の茶畑では、この産毛が新芽にびっしりと並びます。夏の夕方に茶摘みをしてそろそろ帰ろうというとき、日が傾くとそれまで見えなかった新芽の産毛が、西日に照らされて一面金色にきらめきます。欲張る私は、帰ろうとした足が止まり、そして摘む手が止まらなくなります。

新芽が、小さいながらも命いっぱいに輝く姿を見ることは、紅茶の仕事の中でも、私にとっての一番の至福の時です。

夏の頃、沖縄は茶摘みシーズンです。ほぼ毎日、茶摘みに畑に出向きます。茶の木は葉の表面に日が当たり光合成をして葉の裏に成分をためるため、朝ではなく夕方に茶摘みします。

# 紅茶と烏龍茶の違い

紅茶の原料である茶の木はツバキ科で、中国のチャイナ種とインドのアッサム種の2つの種類がああります。日本では、日本茶などの発酵させないお茶に向くチャイナ種の木には緑や青のイメージの品種名がつけられて、発酵させて紅茶になるアッサム種には赤や紅の字がつけられています。

私が沖縄で自社の農場に植えた国産紅茶品種は、「べにほまれ」「べにひかり」「べにふうき」の3つです。インドにもすでにない、古いアッサムの木がべにほまれでした。私が沖縄で紅茶の生産を始めたのは、このべにほまれが明治時代に日本に持ち込まれ、保存されていたからでした。古いアッサムのDNAを再び育てて、本格的な紅茶を作りたいと考えたのがスタートです。

沖縄は、気温と日照時間の条件が紅茶に向いており、1年の中でも長く茶摘みが行えて製茶ができます。紫外線量と気温、全ての条件を満たして初めて完全発酵茶の紅茶になります。もし、条件の欠ける部分があると、半発酵茶の烏龍茶になります。

例えば日本茶の茶園では、被覆栽培という紫外線を茶葉にできるだけ当てないための日よけの資材を被せる方法をとります。玉露や抹茶などアミノ酸の甘みを重視する茶葉は、紫外線によるダメージを避けます。紫外線はアミノ酸を減らしてしまうので、手がかかっても極力紫外線にさらさないようにし、甘みを多く含んだ原料茶葉を作るのです。

紅茶はこの真逆で、紫外線を大切にします。紫外線がたくさん当たることで、紅茶に必要な苦味のタンニンが増していくからです。

茶の木は強い紫外線が当たると、タンニンを生成して身を守ろうとします。気温が低かったり、曇りの日が続いて紫外線が当たる時間が少なかったり、あるいは緯度が高くて太陽から遠いため葉に当たる紫外線量が足りなかったりすると、茶の木は紫外線から身を守る必要がありませんので、タンニンを作りません。タンニンが生成されず発酵するための条件が足りない茶葉からは、残念ながら紅茶を作ることができません。

私はタンニンが新芽に含まれているかどうかを見極める方法を見つけました。

上の写真は、茶葉を摘み取った後に残された枝です。この枝の切り口の色を比較します。どちらも摘み取ってから15分ほど経っていますが、左の切り口は緑色のままで、右の切り口は茶色く色がついています。この右の切り口の、茶色がタンニンそのものです。

北緯30度より南は紫外線量が多く、タンニンをしっかり蓄えられるので、その茶葉は紅茶になることができます。沖縄の私の茶畑では、紅茶ができるのは5月下旬から10月までです。これ以外の時期は、温度と紫外線量が足りませんので茶葉が紅茶になれません。

九州の一部、四国の一部は、気温が高くて紫外線量が多い盛夏の一時期の収穫茶葉が、紅茶になります。しかし同じ茶の木で、初夏と初秋に新芽を摘み取ると、タンニンが足りませんので、半発酵で製造する烏龍茶になります。紅茶製造のアドバイスをしている四国の茶園では、茶を摘み取った後の枝の切り口を見て、どちらの製品にするかを選んでいます。

茶園を見ることができる場合は、茶の木の切り口を見ることで紅茶と烏龍茶の見極めができますが、私たちのように輸入を手掛ける者は、海の向こうから届くサンプルの茶葉が紅茶なのか烏龍茶なのか、製造後の茶葉から見分けられないといけません。紅茶は完全発酵茶ですが、製造の途中で何か1つでも条件がそろわなければ半発酵茶になってしまうことがあります。ブレンダーとして粗悪品をつかまされないための知恵が必要なのです。

以下にご紹介する、茶葉から紅茶か烏龍茶かを判断する方法は、どなたでも何度か回を重ねるとわかるようになるやり方です。

紅茶は油脂、糖質と相性がよいので、砂糖やミルクを紅茶に加えると風味がよくなります。これに対し烏龍茶は、砂糖やミルクを加えると反対に味が落ちます。

完全発酵にならなかった茶葉は油脂、糖質に味が負けます。ですから烏龍茶に砂糖、ミルクと順に加えていくと、たとえ発酵が強めであっても、抽出されたお茶の風味が落ちてしまうのです。慣れないうちは、あえて紅茶と烏龍茶を並べて飲んで比較すると、違いを実感できると思います。

このことに気がついてから私は、オークションサンプルが届いてテイスティングをする際にも、砂糖とミルクで負荷をつけることが定番になりました。この方法では、ストレートで味を見ただけではわからない紅茶の個性を確認することもできます。砂糖とミルクで順に負荷をつけることで、段階を追って風味のフレームがしっかりして個性が際立ち、抽出されたお茶の持ち味がより明確になります。

油脂、糖質と相性がよいということは、スイーツと一緒に紅茶を口に含んだときに、スイーツの味をよりはっきりと、よりおいしく感じさせてくれるということを表しています。

砂糖を加えると甘いもの全般との相性が確認できて、さらにミルクを加えるとシュークリームやショートケーキなど乳製品を多用したスイーツとの相性を確認できます。言い換えると、スイーツに含まれる砂糖、乳製品に対して相性のよくないお茶は、残念ながらスイーツと食べ合わせたときに幸福感が上がらないのです。

# 紅茶のプロポーション

紅茶の情報を読み取るテイスティングは、初心者にとっては難しいものです。苦い、渋い、香りが強い、などの言葉だけでは、その紅茶の表現に限界があります。味の印象をどのような言葉で表すことができるかは、その後のティーブレンダーの仕事をより綿密にしてくれます。

紅茶の専門書に書いてあるような用語よりも私の味のイメージを広げてくれたのは、スリランカで出会ったティーテイスター、バイヤー、ブレンダーなどの紅茶の仕事人たちの言葉でした。私の味の理解力をいつも助けてくれましたし、記憶に残る味もまた彼らの言葉がいつも共にありました。

紅茶の仕事人たちは、紅茶を人物に例え、「プロポーション」という言葉を愛情を込めて使います。人物は女性であることが多く、ファッションやシチュエーションまでをも語る人もいました。

ある年のヌワラエリヤの原料紅茶を、その茶園をひいきにしているバイヤーと一緒に試飲しました。私はまだ経験が浅く、濃さや風味だけに気を取られて、言葉で表現しかねていました。するとそのバイヤーがこう言いました。

「丘の上に立つ乙女のイメージで、砂糖とミルクを加えると、結婚して15年経った女性に変わる」

意識しないで飲んだときにはわかりませんでしたが、この言葉を聞いてからもうひと口を口に入れると、たしかに彼の言っていることに大きくうなずけます。

標高約2000メートルに位置するヌワラエリヤでは、ハイグロンと呼ばれる高い山にある産地ほど、茶畑は急斜面になります。山のてっぺんにぐるりと張り付くように広がる茶園は、日当たりも風の当たり方も東西南北それぞれの斜面でまちまちですから、その紅茶に表れてくる風味にもまたさまざまな違いが出てくるのです。

さらにその茶園の近所には紅茶研究所があり、革新的な手法を探して近隣の農場同士で競争が繰り広げられていました。昼も夜も工場を稼働させて、日中の気温で発酵を促進させたり、夜になると発生する霧を上手に利用して風味に変化をつけたりと、挑戦的な試みがいつもなされていました。

そうした切磋琢磨のある中で仕事をしているそのバイヤーは、表現も巧みです。

先ほどの紅茶を飲みながら「スレンダーな女性が、ふくよかになったね」と茶目っ気たっぷりに言うその顔は嬉しそうで、紅茶への愛おしさにあふれています。

ウバのテイスティングでは、

「ティードレスを着て庭の木陰で本を読むマダム。砂糖とミルクを加えると、彼女は思い出にトリップするんだ」

と表現し、アッサムは、

「スカートのボリュームがあるけれど、丈は短いね」

ダージリンは、

「相変わらずプロポーションがいいね、ドレスが長くてレーシーだ」

と言います。彼の言葉を聞いていると、だんだんと紅茶の表情がより豊かに感じられて、より具体的に違いを感じられるようになります。

その彼があるとき、日本人が経営に参加している、とある茶園の原料紅茶をテイスティングしました。私は飲んで、なんだかボヤッとして個性がはっきりしないなと思いましたが、うまく表現できませんでした。その紅茶に対して彼はこう表現しました。

「まだどんな人かわからないな。出来上がっていない。アクセントはあるけれど、キャラクターではないから、上手なブレンダーに使ってもらうしかないようだ」

人物像を語るように言葉をつなげてみると、イメージが膨らみ、景色が生まれて味が写真のようにくっきりと記憶に残ります。この、味を人物像になぞらえるイメージ遊びのおかげで、私は味を言い表すことに躊躇がなくなり、自由に表現できるようになりました。

よいイメージだけでなく、悪いイメージを表現することも可能です。あるときいただいた商社のサンプルは、飲んでみると控えめでトップの香りだけが目立ちます。女性に例えるとボディにボリュームがなくて、胸の周りだけに大きなフリルがついた服を着ているようで、どうもバランスが悪い。

原料紅茶の持ち味に何か加えたような、トップに来る風味が後から足された不自然さがありました。そのまとっているものを脱いでほしいと、原料紅茶のまま味見がしたかったという思いに駆られます。尋ねるとブレンドはしていないと言いますが、ロットナンバーを聞くとわからない。直接取引で購入した紅茶で、工場が顧客を喜ばせようと何かを加えてしまったようです。

このように人物になぞらえたり、洋服で表現したときにどこかいびつな感じがすると、味のバランスがどう取れていないのかも頭の中で整理しやすくなります。

味のイメージを人になぞらえ始めると今度は、紅茶の作り手だけではなく、その紅茶を買った側の人物の性格も、時に見えてくることがあります。

あるサプライヤーが、毎週2回開催されるコロンボのオークションのサンプルを国際宅配便で沖縄のオフィスに送ってきました。彼のサンプルはひと言で言うと「カラフル」。包みを早速開けて紅茶を飲んでみると、「こんな紅茶があるよ。これはユニークな味でしょう？　こちらはエレガントな味だよ」とまるで声が聞こえてきそうなバラエティー豊かな紅茶が入っています。

そんな色とりどりのセレクトをしてくるその男性は、きっとおしゃれで、ユーモアがあり、人を喜ばせるのが好きな人でしょう。目が丸くて明るい性格の人物に思えます。

またあるとき私は紅茶のコンサルタントを依頼され、新しい紅茶に切り替えたいと相談を受けました。まずは、それまで取引しておられる紅茶を依頼主と一緒に飲みます。その紅茶の味をひと言で言うと「誰にも嫌われないような、差し障りのない風味」。ここから、この紅茶をセレクトされた方の人柄が浮かんできます。

真面目なよい方だなぁ、きっとみんなにいつも好かれ、身なりもきちんとした規律正しいお方だろうな。この方は特に紅茶を好んで毎日飲むほどお好きではないみたい。そんなイメージにつながっていきます。

紅茶の切り替えをどうしようかという段階になり、私は依頼主にこう言いました。

「以前のご担当の方は、これまでの貢献もありますし、なにしろ皆さんに好かれておられるので、切り替えは慎重に進めていきましょう」

依頼主は当たっている、なぜわかるの？　と驚いていましたが、その人の好きな紅茶はその人を表すことは、これまでの経験上ほぼ違うことはありません。

紅茶はわからないと言われるゆえんは、味を表現しきれないところにも1つの理由があると思いますが、人になぞらえるとイメージがぐっと広がります。

# ゴールデンリングの意味

紅茶の本でよく目にする言葉の1つに「ゴールデンリング」があります。

ティーカップに紅茶を注いで上から見たときに、紅茶がカップに接している縁の色が薄く、それがカップの中心部の赤茶色に比べると、金色であるかのように見えることから「ゴールデン」、そしてカップを上から見ると輪になっていることから「リング」で、ゴールデンリングと呼ばれています。

抽出された紅茶の色には濃いものと薄いものがありますが、風味と色の濃淡との関係性は基本的にはありません。色が濃いからといって風味が濃いとは限らず、色が薄くてもしっかりとした風味を持つお茶もあります。

紅茶の色は、茶葉の中の苦みや色素の成分がくっついて重なったテアフラビンとテアルビジンという成分です。

これらが強い抗酸化作用と色素を持つのですが、色素のついた成分が重いためにカップの下の方に沈み、色素のない成分が浮くことで分離が起こり、その結果ゴールデンリングが現れます。

この分離が見えるということは、色素を形成する成分がきちんと抽出されたことを意味し、紅茶が高い温度で正しく抽出されている証拠でもあります。成分の複雑性を表しているので、風味に期待が持てます。つまりゴールデンリングは、紅茶をおいしくいれることができたというサインなのです。

ですから紅茶をいただくときに、カップにこのリングを見つけると、カップを口元に運びながら期待で胸が膨らみます。

紅茶のティーバッグでテトラ型のタイプのものがありますが、お湯を先に入れたカップにこのティーバッグを静かに沈め、蓋をして蒸らすと、カップの中のお湯の動きがないため、このゴールデンリングがよりくっきりと現れます。

蓋を開けるとカップの中で紅茶が2層に分かれていて驚くことがあるかもしれませんが、失敗ではありませんので慌てて捨ててしまわないでくださいね。そういうときは、ティーバッグを取り出す前にカップの中をティースプーンで1、2回かき混ぜれば、均一な色の紅茶に戻ります。

# ティーブレンダーの仕事

ティーブレンダーの仕事とは、じつはバーコードに従って製品を作ることです。

一般に紅茶を流通させるには、商品にバーコードが印刷されている必要があります。日本の正式名称は「ジャパニーズ・アーティクル・ナンバー／Japanese Article Number」、通称「JANコード」といい、その商品がどの事業者のどの製品かを特定する、世界共通で使用されている商品識別番号です。

このJANコードは、商品のパッケージに表されているブランドや名称と商品そのものの品質が1つのものとして登録されますから、いったん名称を登録したならば、そのバーコードを使用する限りにおいて、中身はいつも同じものである必要があります。

これは単に登録を行うためということではなく、消費者に対する販売主としての約束事でもあります。1つのパッケージラベルに対して、毎年変わらぬ品質で提供しますよ、という約束です。これは世界共通の決まりごとです。

ところが紅茶は農作物です。ある特定の農園の、特定の区画の茶畑から収穫される茶葉を使って作られた紅茶が、必ず毎年同じ味になるとは限りません。

ワインにはヴィンテージという言葉があります。年ごとに味が違うことが大前提ですね。紅茶も天候によって茶葉の出来ぐあいが毎年違うことはよくありますし、さらに紅茶の製造過程における発酵具合、輸送、保管の条件でも紅茶の味は変化します。

そのように条件が一定ではない中で、「1つの商品のバーコードに対して、毎年同じ味と香りを、原料紅茶をブレンドすることによって作る」。これがティーブレンダーの仕事です。

「A」という名前の紅茶があったとしましょう。

パッケージにAと印刷されたその紅茶をお湯で抽出したときの、味と香り。これを毎年、世界中のどこで購入しても同じ味、同じ香りにすることがブレンダーの役目というわけです。

ですから、最初にこんな味と香りとコクと渋味の紅茶、と決めたなら、毎年そこに照準を当てて、どんな紅茶を組み合わせて、どんな割合でブレンドするとよいかを考え、それを想定してバイヤーから必要な種類の原料茶葉を買うのです。

もしこのAの味を作り出せなければ、これまでAのラベルを貼ってきた商品とは違う味になりますから、同じ名前で販売するのはお客様を裏切ることになります。ティーブレンダーは、そのブランドのAの味を守り続けることが仕事なのです。

大手の定番ブレンドの原料が、いろいろな理由で不足することがあります。そんな際には、違う原料紅茶を集めて、定番の味を作らなければなりません。ティーブレンダーは、それまでとは違った茶葉の組み合わせでも、最初に決めたその定番ブレンドの味を最終的に再現することができます。

ですからティーブレンダーは「○○というブランドの△△というラベルの味」と聞いたら、その味を作り出すことができるのです。

ティーブレンダーとして、私がもう1つの仕事としているのが「オリジナルブレンド」です。それは、お洋服で言うならば、一点もののオートクチュール。お客様の好みに合わせた紅茶作りです。通常は企業向けですが、現在は年に1回のイベントで個人にもお作りしています。

原料紅茶を一通りテイスティングしていただき、その飲む様子を見ることでその方の好む味のポイントを見つけ、原料紅茶の種類と割合を口の好みに合わせてブレンドします。

その方の口が好きな味で組み合わせていますので、その紅茶を飲むと、舌先から喉まで、味の余韻がカーペットを広げたかのように残りますから、満足感が高まります。

紅茶の日本における流通を見ると、以前は製品を輸入する国でしたが、この10年で原料を輸入する国になりました。最近ではデパートや街の紅茶店などで、シングルエステートの紅茶を目にする機会も多くなりました。シングルエステートとは、単一の茶園という意味で、ブレンドせずにある1つの農場の茶葉で作られた紅茶のことです。

シングルエステートの紅茶とはつまり原料紅茶ですから、大抵の方は好むポイントの接点が少ない。やはりブレンドされている紅茶の方が、満足感が高まると思います。

# ティーブレンダーに必要な知識

紅茶は原料紅茶で取引され、ブレンドして商品化されます。そのため原料を見極められる「テイスティング技術」と、商品化するための「ブレンド技術」が不可欠です。特に商品化とは、流通する茶葉から選抜して茶葉を買い集め、ブレンドして毎回同じ味を作る作業ですから、○○というブランドの△△というお茶はこの味、ということをいつでも再現できる技術を持っていないとできません。

これは香水を作る調香師が有名ブランドの香水を再現できることと似ています。経験値の高い紅茶のブレンダーもまた、材料さえあれば他社の製品と同じ味と香りを持つ紅茶をブレンドすることができます。

私がブレンダーとしての仕事を始めるときに、スリランカでブレンダーが最低限理解しておくべきことを教えてもらいました。

**世界中のどの産地の紅茶も、テイスティングカップで比較され、品質を見定められて売り買いされた後に流通する**

テイスティングカップに茶葉を入れて紅茶を作り、味と香りを比較しますが、流通に関わるバイヤーも、製造に関わるブレンダーも、テイスティングで行っているのは、茶葉の良し悪しの比較やランクづけではありません。味や香りを試飲して見定めて、自分の仕事にとって必要なものか、要らないものかを仕分けているだけです。

**どんなにおいしい紅茶でも3種類の茶葉を1：1：1の割合で混ぜようとすると、お互いの個性が相殺される。だからぶつけないように、風味を並べるのがブレンド、そうでないものはただのミックス**

どんなに素晴らしい紅茶でも、個性際立つ味や香りでも、3種類の茶葉を同量でブレンドすると、個性が消えて当たり障りのない味の紅茶ができてしまいます。ぶつかって消えてしまわないように、お互いがお互いの風味を邪魔しない割合を考えてブレンドします。ブレンドしても個性のない単調な味になってしまっているのは、ただミックスしただけです。

### 保管状態が悪い紅茶は、テイスティングできない

どんなに経験値の高いティーテイスターも保管状態が悪いものは情報を読み取ることができません。湿気ていたり、日光を浴びて酸化したりしていたとすると、味、風味、香りが損なわれていきます。情報がなくなると、テイスティングができないのです。

時折、味を見てほしいと依頼を受けることがあります。茶葉を見て、フィンガーテストをし、不均一な茶葉の場合にはきちんと評価できないのでお断りすることがあります。スリランカでは、ダメージティーのことを「昔の美人さん」と呼んでいました。本当は素晴らしいキャラクターだったのに、ここにたどり着く間にどこかで劣化してしまったからです。わざとする人はいませんが、この紅茶原料をそのまま混ぜて売るのか、それとも処分するのかはブレンダーまたは会社の判断となります。

ティーブレンダーとしての知識は、スリランカで人から学んだことだけではありません。自らの手痛い失敗もあります。スリランカに出張したときのことです。

新しくできたホテルに泊まり、翌朝早くに目覚めると、山あいを流れる霧の向こうの山肌に見える茶園に目が留まりました。こんな山の紅茶はきっとおいしいに違いない。早速車を手配して向かいます。3時間かけて着いた茶園は、絵に描いたような美しい畑。テイスティングさせていただくと、少し重さのある風味で喉の奥にカラメルテイストの残る、スリランカの昔ながらの紅茶の味です。私はいっぺんに魅了され、すぐに取引を依頼しました。

それから2年、ストックがなくなるとすぐに注文するのですが、なかなか願うとおりに日本に紅茶が届きません。大きな取引にブレンドしている茶葉、欠品になっては納品に支障が出ます。しびれを切らして直接茶園を訪ね、注文通りに発送してほしいと談判しました。するとその茶園の若い工場長は、もじもじしながらこう言いました、「特別な畝から摘む茶葉なので、この紅茶は茶園の生産量の3%しかないのです。すべてあなたに譲っているけれど、足りないんだ」。それは少量生産のプライベートセールス用の茶葉で、バイヤーとしては絶対に手を出してはいけない紅茶でした。いくら味がよくても、安定的に入らないとティーブレンダーの信頼を損いかねないという経験でした。

*Chapter2*

# 紅茶が出来るまで

茶摘みをしたときは

サラダにして食べられそうな

いきいきとした緑色の新芽を

しおれさせ

揉んで細胞を壊し

成分を結合させ

加熱して変化を止める

緑色の茶葉が茶色く変化して

カップの中に鮮やかな色を映し出すまでのお話です

# 紅茶という生き物に寄り添う

私が紅茶を仕事にするようになって26年になりますが、紅茶のことがようやくわかってきたと思えるようになったのは、沖縄で茶葉の生育に自ら携わり始めてからです。

スリランカに暮らしていた私ですが、出産を機に日本に戻ることにし、沖縄に移住しました。

車で隣町へ出かけたときのことです。町の境の小高い丘に差し掛かったところでパイナップル畑の横を走り、その畑に目が釘付けになったのです。驚いたのは大きく育ち収穫時期を迎えて整然と並んでいるパイナップルではなく、その下の土でした。

福岡で育った私にとって、畑といえば黒い土のイメージでした。しかし目の前に広がるパイナップル畑の土は、スリランカの茶畑で見た、あの赤い乾いた土と同じ色だったのです。

私はいてもたってもいられなくなり、すぐに町の図書館へ行き、紅茶の木の生育のこと、日本の紅茶栽培の歴史のことを調べ始めました。

そして日本には、インドから持ち込まれて植えられた紅茶の木があることを知ったのです。私は意を決してその場所を訪ね、挿し木用の枝を譲っていただき、沖縄で栽培を始めました。

そこからスタートした私の紅茶作りは、1歩進んでは振り出しに戻り、2歩進んではまた戻りの連続でした。それでもスリランカで見聞きしてきたことを思い出しながら、目の前の茶の木と向き合う日々。試行錯誤という言葉だけでは語りきれない毎日で、数えきれないほどの失敗も重ねてきました。

そして新芽を摘み、発酵する茶葉の変化をつぶさに観察し、紅茶という生き物が何者であるかを知り得た感動は、今でも私を支えてくれています。

紅茶を育てているつもりが、紅茶に私の方が育てられてきました。

芽吹いた新芽に満ちあふれる清らかなエネルギー、発酵で茶葉自らが芳香を醸していく神秘、湯に放たれた茶葉がひらいて再現されるえもいわれぬ香りと味。この風味を大切に運んで、この喜びを1人でも多くの人に感じていただきたい。

私はこれからも、紅茶の木に寄り添い、紅茶と共に歩んでいきます。

# 茶の木の新芽が茶葉になるまで

**茶摘み**

沖縄は暖かいので、新芽は絶えず出てきますが、冬の間は茶摘みできません。茶摘みができるようになるのは4月の下旬頃から。この頃の沖縄は最高気温が24度を超え始め、日中の日差しも夏の様相です。日に日に増していく日差しの強さを感じながら、紅茶にタンニンが生まれ始めるわ、と気持ちが高まります。紫外線が強くなると、生まれた新芽は体を守るために産毛をまといます。これがシルバーチップ、ゴールデンチップになっていくので、夏の厳しい日差しすら愛おしくなります。

茶摘みは、手で行います。それは確実に必要なサイズの茶葉だけを摘み取り品質をそろえたいから。規格からはずれたものは硬いので入れたくありませんが、機械ではそうした微妙な違いを選り分ける細やかな収穫は不可能です。しかし手摘みなら、そんなちょっと硬い茶葉は手が覚えていて、手に当たる感触で自然と除けていくのです。最適な原料のみを摘み取り、残りは後日に回して、作業も分散できます。タンニンが十分に生成されている茶葉は、摘み取る段階ですでにほのかな茶褐色に発色します。艶やかで柔らかな新芽を摘むのは手に心地よく、日が傾くと新芽が輝き、見とれながら摘み続けることもしばしばです。

## 萎《い》凋《ちょう》

摘み取った茶葉をしおれさせます。

摘んだばかりの茶葉はまだ細胞が元気ですから張りがあり、葉の形もピンとしています。ここから水分量を落としていきます。

しおれるとは、茶葉の細胞内の水分が徐々に失われていくことですので、風通しのよい日陰で扇風機を当てながら水分を抜いていきます。急激に乾燥させて枯れ葉になると、発酵に必要な酵素が動き始めません。発酵する前に乾いてしまうと、それは半発酵茶になります。乾かすのではなく、全体の水分を均等に保ちながら減少させていく工程です。

ぬらしてギュッと絞った布を茶葉の上にふわっとかけたり、あるいはその布で全体を包んだり、その日の気温と湿度、お天気を見ながら、ゆっくりゆっくりしおれていく環境を作ってあげます。

しおれ始めると、茶葉の香りが変化してきます。青っぽい香りから、紅茶の芳醇な香りを予感させるやや香ばしいような香りになります。

## 揉《も》む

萎凋が終わると、茶葉が「揉み始めていいよ」と言ってくれている合図が経験からわかります。

なぜ揉むかというと、細胞を壊し、中の異なる成分を出合わせて反応させるためです。この工程が茶の木の茶葉を紅茶にするのです。

初めに、全体を大きく揉みます。茶葉を揉むこのテーブルは特注で、溝が全体にクロスして入っていることが、揉みの作業を手伝ってくれます。全体を返しながら、茶葉と対話しながら揉んでいきます。

最初からいきなり強い力をかけてしまっては葉脈が折れてしまいます。葉の抵抗を感じながら、優しくしおれていってねと心の中で声をかけながら、ゆっくりゆっくり、細胞の1つ1つを壊しながら揉み込むと、葉脈がだんだんと柔らかくなっていきます。

手には茶葉の周りの酵素が活動を増してきているのを感じます。いちばんの変化は温度。茶摘みをしているときのひんやりとした感触から、しおれている段階では微生物が活動し始めたその存在の温度を感じ、揉み始めるとそれよりもさらに高い温度になっていきます。すでに発酵は始まっています。

## 捻《ねじ》る

紅茶のタンニンがしだいに醸成されていきます。茶葉が少しずつ、紅茶色に沈んできました。茶葉を揉んで捻るこの段階のことを「揉捻《じゅうねん》」と言いますが、「揉む」だけでなく「捻る」ことがこの工程では重要です。

スリランカの紅茶工場にはどこでも、この捻るプロセスを機械で行う揉捻機があります。大きいもの、小さいもの、もう何十年も使っているもの、どれもみな揉捻作業を行う際の人の手の動きをいかに機械で再現するかを追求して作られたものです。

最新のものでは捻らずに、引きちぎるタイプの機械が出てきました。この方法では早く発酵が済み、乾燥にも時間がかからず、紅茶製造全体にかかる時間を短縮することができますが、茶葉がおいしさを醸し出す力は残念なことに下がります。

手で捻る作業はピンポン球くらいにまとめた茶葉を両手ではさみ、力をかけて揉み込みます。葉が捻れ、だんだんと萎縮していきます。ゆっくりと変化していく状態を手の中で確かめられる工程です。

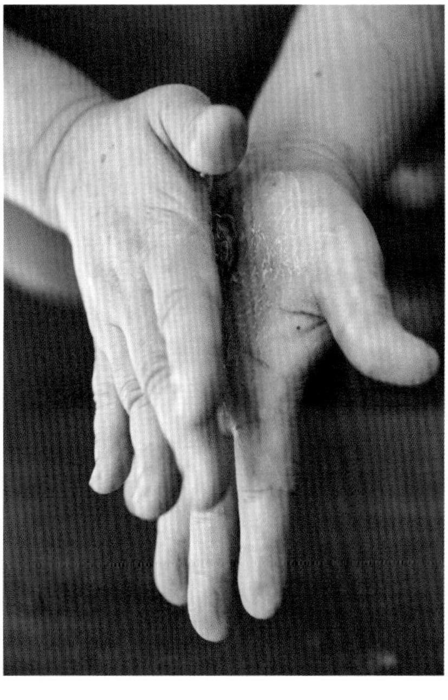

### 人の手の力

両手で茶葉をはさんで揉み込んでいると、手には白い小さな泡状の汁が出てきます。この中には酵素がたっぷりと含まれていて、これこそが紅茶の方向性と味を生み出します。

紅茶になったときの味と香りは、揉んだ手の持ち主によって違ってきます。人の手には常在菌がいますが、どんなにせっけんで洗っても、アルコールスプレーをふりかけても、手の常在菌はなくなることはありません。消毒してもしばらくするとまた常在菌が手全体を覆います。

同じように地球上の生きとし生けるものは皆、菌に包まれています。茶の木も茶葉も同じです。ですから揉捻という工程は、茶葉と人の持つさまざまな微生物たちの共同作業でもあります。

紅茶の発酵工程は、この共同作業を経て行われるので、発酵を経てどんな香りと味になるのかは、茶葉だけでなく人の手の影響も受けるのです。工場の機械で揉んだ茶葉は微生物は茶葉由来のものに限られるため、紅茶から醸される香りや味はやはり単調になりがちです。人の手で揉んだ茶葉はたくさんの微生物を含んで発酵していきますので、味に複雑性が生まれ、香りの広がり方も大きくなります。ですから人の手で作る紅茶には、その人にしか作ることのできない価値があります。

### 発酵と乾燥

揉捻が終わったら、ほぐしてしばらく放置し、発酵を進めます。ここで茶葉は一気に紅茶の色を呈していきます。

この発酵という過程は、何度立ち会っても神秘を感じます。

茶葉の酵素と手の常在菌が出合って、茶葉が微生物にほんの少しずつ分解されながら芳しい香りと深みのある味を生み出していく。このときの気温や湿度、天候、新月や満月といった宇宙のバランスによっても、醸し出される味は違ってきます。

そこにあるのは、ゆらぎ。

その日、その時、その場の味が、紅茶を醸成していくのです。

発酵が十分に進んだら、熱を与えて発酵菌を殺し乾燥させます。せっかく共同作業をしてもらった微生物たちですが、放置すると分解し続けて味が劣化していきますので、一番よい味と香りのときに熱をかけて分解を止めるのです。紅茶が完全発酵のお茶と言われるのは、この工程にあります。タイミングを間違えると半発酵茶となります。

このタイミングがとても大事で、味が最高値になるぎりぎりまで発酵させて熱をかけます。最適なタイミングを見つけるため幾度の眠れぬ夜を過ごしたことでしょう。今ではタイミングを熟知していますので徹夜をすることはなくなりました。

# 紅茶を作っている私たちだからできること

紅茶がよくわからないと言われる理由の1つは、紅茶が新芽から商品になるまでの間にたくさんの人が関わり、たくさんの要素が折り重なって出来上がるものだからだと思います。

紅茶の味は、茶の木の品種、育成される土と気候、国による考え方の違い、茶葉製造のプロセス、流通、ブレンド、製品化という工程それぞれの中で、いくつもの要素の組み合わせを経てその紅茶独自の味と香りになり、消費者の手に届きます。

さらに最後の「飲む」という段階で、紅茶のいれ方、飲まれ方によっても、その紅茶の印象が違ってきます。どんなに全ての段階で手を抜くことなく丹念に作られた紅茶でも、紅茶をいれるときに味のポテンシャルを最大限に引き出せていなければ、感動は生まれないのです。

茶葉の育成からカップの中までの工程の1つ1つが完全に分業されていますから、その全ての段階を考慮して良し悪しを語るのは至難の業です。

誰かが責任を持って、「この紅茶は、このような品物です」と明確に答えてほしい！

そう思ったときに、それがティーブレンダーの役目なのだと思いました。

紅茶作りを茶葉の育成から手がけるようになってから、目の前の1杯の紅茶から、その紅茶ができるまでの時間をさかのぼって見渡すことができるようになりました。

その香り、その味に埋め込まれている情報から、どの段階でどんなことが起きたのかを読み解く。それは、実際に茶葉を摘み、しおれる様をつぶさに見つめ、手の中で発酵していく紅茶の変化を体感し、それがどんな味となって後にカップの中で再現されるのかを10年以上観察してきたからこそできることでした。

この本でご紹介している茶葉の見極め方や紅茶のおいしいいれ方、味の見分け方は、ティーブレンダーとして本場の原料茶葉に常に触れながら、一方で苗木から自らの手で育てた経験の中で発見したものばかり。商品から畑にフィードバックできる環境があるからこそでした。

自身が販売する紅茶に対して責任を持つ。その思いは今も変わらず、紅茶の探究はこれからもまだ続いていきます。

*Chapter3*

# おいしい紅茶のいれ方

よく眠っている紅茶をティーポットに入れ

「熱いお湯で目を覚ましてね」と言いながら

一点めがけてお湯を注ぐと

ポットの中の捻《ねじ》れた茶葉は

湯の中を泳ぎながら葉を広げ

撚《よ》りに閉じ込めていた風味をお湯に解き放ちます

水、道具、温度、加えるもの

それぞれのアプローチでいかにおいしくいれるか

1つ1つの意味を知ると

おいしい紅茶がいれられるようになります

# 紅茶をいれる前に

梅雨時の大雨が続く沖縄。朝の歯磨きのときに、水の硬度が下がっていることに気がつきました。

こんな日は、お気に入りの紅茶をいつものようにいれても、ティーカップの中の色が薄く、いつもと同じ蒸らし時間なのに、風味はフラットで、抑揚が少ないと感じます。これは、梅雨時で水道水の水質が変わったことが原因です。

沖縄の私たちの住むエリアの水道水の水源は、浄水場からそう遠くないところのダムです。山に降った雨が山肌や地中のミネラルを含みながら河川に流れ込む水源と違い、山の低い沖縄は単に雨がたまっただけの水なので、雨が少ない時期には蒸発して硬度が上がり、雨の多い時期には徐々に硬度が下がっていきます。

水の硬度が高いとき、ミネラル成分のマグネシウムやカルシウムがいつもより多く含まれるため、それらの成分が紅茶のタンニンと結合して色が濃くなります。

反対に硬度が低いと結合が少なくなるので、紅茶の色が薄くなり、抽出が高まり風味が強く出ますから、いつもと味が違うと感じます。

入社間もない会社のスタッフは、同じ茶葉なのにいつもの色や味にならないので、「いれ方を間違えた」と自分の失敗だと思ったこともありました。

硬度が上がるとイギリスの水に近づきます。イギリスでは、ティーポットに茶葉を入れたままにしますが、これは硬度が高いため、抽出がゆっくりですから、入れたままにしても渋くなりにくいのです。

イギリスの習慣こそが正しいと思われるお気持ちもわかりますが、日本で同じことをすると渋味が強くなりすぎたり、苦味が出たりしますので、日本の軟水では茶葉をポットに入れたままにするのはあまりお勧めしません。

もし晴れた日が長く続いて、水の硬度が上がり始めたら、蒸らし時間を少しだけ長くしてあげてください。

反対に、長雨の後など硬度が低いときには、色が明るくてクリアですが、風味はスピーディーに鋭く出がちですから、指定の蒸らし時間を過ぎないように気をつけましょう。

ちなみに沖縄から東京などに引っ越された方にも同様のことが起こります。硬水の味がお好きという方には、硬度の高いミネラルウォーターの使用をお勧めしています。

沖縄の四季の特徴でさらに特筆するべきは、台風です。

茶の木には、強風による揺れのストレスがかかります。さらに海のミネラルをたくさん含んだ雨水をかぶるので、台風後に茶摘みした紅茶は、いつにないストレスを受けた茶葉の、独自の風味を醸します。

味のバランスの変化でおもしろいのは、満月を迎えた直後の茶葉です。抽出した紅茶の味が、これ以上ないくらいにグラマーになる。たまたまそうなっただけかと思い、新月、満月、それ以外の日はどうかと幾度も試しましたが、それは単なる偶然ではありませんでした。

あるとき、台風と満月がぴったりと合い、その後の茶葉を摘むことができました。萎凋も注意深く行い、手揉《も》み、発酵の工程も丁寧に。それはそれは、どんな味になるのかしらとそわそわしながらの紅茶作りでした。

こういうことを日々積み重ねていると、紅茶を私たちが作るというより、茶葉の変化に寄り添うと言った方がしっくりきます。人の都合でコントロールしようとせず、茶葉の状態に合わせて私たちが手を添える。

台風の後に満月を迎えたその日の茶葉から作った紅茶は、飲んで鳥肌が立ち、軽くめまいすら覚えたほどでした。それはグラマラスな味のボディを持ちながらキレのよい清涼感のある、かつて出合ったことのない香りと味。

自然の力によって作られたその味は、人の手でできることをはるかに超えていました。自然の作る味のプロポーションに神秘を感じます。

沖縄で作る紅茶のポテンシャルには、まだ伸びしろがあることを感じた体験でしたが、手をかけると応えてくれる、寄り添うと添うてくれる紅茶に、心からの愛おしさを感じています。

紅茶は全てが自然の産物なので、自然の調和の中でその味は生まれています。季節によってさまざまな事象が変化する中で、どうするとおいしく紅茶をいただけるかに少しだけ気を配ると、味が答えてくれる。それが紅茶です。

# 紅茶の風味を左右する道具

紅茶は、緑茶や烏龍茶と同じ茶の木から作られていますが、お茶の種類によっていれ方はそれぞれ違い、紅茶には紅茶の風味をしっかりと抽出するためのいれ方があります。

そのためには、紅茶のために作られた道具をきちんと選ぶこともまた、おいしさの鍵になります。

緑茶や抹茶を入れるときに使う鉄瓶を使ったり、緑茶や中国茶用の急須を使ったり、間に合わせの道具でいれていたとしたら、あなたは紅茶の本当のおいしさから遠ざかっているかもしれません。道具は、次のようなものを使いましょう。

**茶葉をきちんと量る**

紅茶のパッケージの裏側を見ると、「ティースプーン◯杯の茶葉をポットに入れ」などと書いてありますが、あなたが使うそのスプーンはいったい何グラムをすくい取るかご存じでしょうか。

手持ちのスプーンが、1杯何グラムかを量ってみるとよいでしょう。気をつけるべきは茶葉の大きさによって、1杯の重さが違うことです。ブロークンタイプの小さな茶葉の山盛り1杯と、オレンジペコのような大きな茶葉の山盛り1杯は、重さが倍ほど違うことがあります。茶葉ごとの重さを知っておくとよいでしょう。

一番よい方法は、そのつど計量機を使うことです。私は0.1グラム単位で量れるデジタル計量機をいつも持ち歩いていますが、プロの方やお客様に提供する立場の方ならば、最低でも0.5グラム単位で量れるものを使用しましょう。

**鉄の含まれないやかん**

材質が水に影響を与えないものを選びます。鉄瓶はNGです。紅茶のポリフェノール成分が鉄分と結合し、味を損ねます。ホーローびきのやかんも長く使っていると欠けやはがれが出てくることがあります。内側だけがホーローびきという商品もありますので、しっかりとチェックします。もちろん抽出した後の紅茶を入れるポットにも鉄製は使用しないようにしましょう。

**直火または92度以上のお湯を作れる機器**

紅茶を正しくいれるためには、92度以上の温度のお湯が必要です。やかんを直火にかけてお湯を沸かし、沸騰状態になったらティーポットに注ぐのが理想ですが、直火を使えない場合には電気ポットなどでお湯を沸かすことになります。このときに92度以上に温度を上げられる機器を使うことが重要です。コーヒーマシンのお湯専用のノズルから出てくるお湯で紅茶をいれている店舗を時折見かけますが、メーカーによってはコーヒー用の88度や85度に設定されていることがあります。できるだけ100度に近い温度でティーポットまたはティーカップにお湯を注げるものを選んでください。

**お湯をきちんと量れるポットまたはティーサーバー**

茶葉をきちんと計量したら、それに合わせてお湯の量も量ります。目盛りがついて湯量がわかる耐熱ガラス製のティーサーバーがあると、やかんで沸かしたお湯を、目盛りを見ながら必要な量まで注ぐことができます。

**蒸らし時間を正しく教えてくれるタイマー**

日本の水は軟水ですから、茶葉を放置するとどんどん味が出てきます。紅茶には一番おいしい蒸らし時間がありますから、ベストな味を目指すためにはタイマーを使いましょう。スマートフォンのタイマー機能を私は愛用しています。

**蒸らす間も温度が下がらないように包んでくれるポットカバーとマット**

紅茶の味をしっかり抽出する間も、92度以上の温度を保つことが必要です。特に寒い冬の季節などは、ポットに注いだ後のお湯は意外と下がりやすいものです。温度を保つために下にはマットを敷き、ポットカバーをかぶせてあげましょう。専用のカバーがなくても、乾いたタオルやテーブルナプキン、手拭いでもかまいません。

**茶葉をしっかりこし取ってくれる茶こし**

茶こしは、茶葉がしっかりとこし取られれば、目の大きさを問いませんが、ブレンドティーの中には小さな茶葉で作られたものもありますから、紅茶用の目の小さなものを用意しておきましょう。

使用するときは、直前に一度、水にくぐらせてから使います。浸透圧の作用で、乾いた状態から紅茶をこすと、紅茶の成分が付着していき、目詰まりしやすくなります。一度水にくぐらせると、茶こしの目詰まりを防ぐことができ、手入れも楽になり茶こしが長持ちします。

# おいしい蒸らしは給湯温度にあり

紅茶の味を抽出する蒸らし。ブレンダーとしては、ぜひともこの温度と時間を守ってほしいと切に願っています。

ブレンドティーは、風味の異なる茶葉の組み合わせで出来ています。それぞれからしっかりと味が抽出される、92度以上のお湯を使います。蒸らし時間の最後までこの温度を保つために、ポットカバーやマット、ナプキンなどを使ってできるだけ温度がポットの外に逃げないようにしてあげてください。

蒸らしている間、ポットの中では何が起きているでしょう。

茶畑で茶摘みされて、しおれさせられ、揉まれ、乾燥した茶葉は、体積が5分の1ほどに縮んでいます。その小さくなった茶葉がお湯に触れると、目覚めたように葉っぱに戻ろうとします。

その動きを補うためにはお湯の対流が重要なので、コーヒーポットのような細口でゆっくり注ぐのではなく、やかんなどから一点めがけて滝壺のように一気に注ぎます。ポットの中では注がれたときのお湯の対流に乗り、茶葉はジャンピングといって上下に動き、葉の中に閉じ込められていた風味がお湯に引き出されます。

紅茶をいれるのに大切な92度のお湯。ティーパーティーや絶えずお客様にお出しする店舗などでは、その都度沸かすことに手間と光熱費の無駄を感じることもあるでしょう。

そんな場に便利なのが、「サモワール」という湯沸かし器です。これは、紅茶専用の湯沸かし器で、真ん中の大きな壺型の容器に水を入れ、電源を入れるとお湯が沸き、95度前後を保ちます。上にはティーポットが設置されていて、壺型の湯沸かし器の熱が無駄なくポットを保温します。

ポットには濃い紅茶を作っておきます。ポットからカップに濃い紅茶を注いだら、下の壺型のサーバーについているコックをひねってお湯を加え、好みの濃さに割ります。

紅茶は「濃くいれておいて、薄めて飲む」ことができるお茶ですから、この湯沸かし器があるとたくさんのお客様がいらしても、キッチンに何度も引っ込むことなく紅茶をふるまうことができます。カフェなどでも、コーヒーマシンのお湯はコーヒーに適切な85度に設定されていることがあり、その際は紅茶に適しません。サモワールがあると、店の紅茶のパフォーマンスを確実に上げてくれます。

# 紅茶をいれるポイント

紅茶のことをもっと知ってもらいたいと思う中で、企業や店舗から紅茶に関する研修の依頼を受けます。

そのようなときは、紅茶に詳しい方も詳しくない方もおられますので、基本からレクチャーすることにしています。

先日もあるカフェからの依頼がありました。そのカフェのドリンクで一番の売り上げはコーヒー。スタッフに尋ねてみると、コーヒーのことは社内でも知識と経験のある方が部下に教えたり、解説書を読んだりと、おおかたのスタッフは学ぶ機会を得た経験があるけれど、紅茶のことは誰かに教わったり、知識を習得しようとしたりしたことがない、という方がほとんどでした。

たいていの方は、ティーバッグを温めたカップに入れてお湯を注ぎ○分蒸らす、ということまでしかご存じありませんでした。

研修で最初に行うのは、紅茶を提供する場所の水を飲んで、水質を確かめるところから始めます。

**水の味を確かめる**

水道水をそのまま使ったり、浄水器を使用していたり、その場その場で水の扱いはさまざまですが、まずは紅茶を抽出する水の味を知ることから始めます。

前のページでもお伝えしたように、水道水ですら季節によって味が変わってきますので、そうしたことにも日々関心を寄せてください。水の味は蒸らし時間の調整でカバーします。柔らかければ短く、硬ければ少しだけ長く抽出することで、いつでも同じ味にすることができます。

**ティーカップとティーポットの容量を知る**

次に行ったのは、店でいつも使っているカップの容量を量ることです。そのカフェでは、カップに何ccの水量が入るのかを正確に把握しているスタッフは１人もいませんでした。

茶器は形状や大きさがいろいろありますから、商品に「カップにお湯を注ぎ」とある湯量は実は特定されていません。味をきちんと抽出して飲んでもらいたいというメーカーの商品には必ず湯量まで書いてあります。

茶葉を量り、湯温を保ち、時間を計ることでおいしくいただける紅茶ですが、もう

1つ量るべきがこの、ティーカップとティーポットの湯量なのです。

茶葉、湯量、温度、時間をはかることで、同じ風味の紅茶をいつでもお出しでき、「その店の味」が作り出せるのです。

**お湯を沸かす**

次に実際にお湯を沸かします。水はくみたてを使います。動いている水の方が酸素を含みます。やかんを火にかけて、コイン大の大きさの泡が出るまで加熱します。このときティーポットも温めておきますが、このお湯をやかんに戻してもう一度沸騰させると、酸素がお湯に戻るメリットがあります。これにより乾いた茶葉に小さな気泡がついて持ち上げるジャンピングを助けます。

**茶葉を入れたティーポットにお湯を注ぐ**

ティーポットの容量を量ったら、その湯量に合わせた茶葉の分量を割り出し、茶葉をポットの中に入れます。沸かしたての熱湯を少し高いところから一点をめがけて注ぎます。ポットの中に自然な対流が起こるポイントを探します。

**蒸らす**

蓋をして、ポットカバーをかぶせ、茶葉に合わせた蒸らし時間をタイマーを使って計ります。

**茶葉をこす**

蒸らし終わったら茶こしを使い、別の温めたティーポットに移します。ポットに茶葉を入れたまま提供する場合には、蒸らし時間が終わったところでカップに1杯目を注ぎます。

**茶葉の大きさと抽出される茶の量**

茶葉の大きさによっては、蒸らし終えたとき、ティーポットからカップに注がれる茶の量が変わります。

たとえば蒸らし時間が3分のブロークンオレンジペコファニングス（BOPF）サイズの紅茶と、蒸らし時間が5分のオレンジペコ（OP）サイズの紅茶では、蒸らした後の葉の膨らむ体積が2倍ほど違ってきます。茶葉が大きいほど蒸らし時間が長く、葉がよく水を吸うので、飲むことができる紅茶の量は、BOPFサイズがカップ2杯半だったとすると、OPサイズは同じポットから2杯ということがあります。

# 紅茶に入れる砂糖とミルク

紅茶に入れる甘味には、砂糖、メープルシロップ、黒糖、蜂蜜、三温糖など、その方の許容範囲にある物を選択できますが、紅茶そのものの味を楽しみたいならばグラニュー糖をお薦めします。

グラニュー糖以外の甘味料は、成分によっては紅茶の色を変え、紅茶以外の風味がつくことで紅茶そのもののプロポーションが見えなくなることがあり、よい紅茶ほどもったいないと感じます。

鉄分などのミネラルは、タンニンと結合しやすく色や味が損なわれます。色はミルクティーにすれば問題なくなりますが、風味に関しては大きく変えるものもあります。例えば蜂蜜は、蜜蜂が花粉とともに集めているため、巣の中で蜜の中に花粉が混入することがあります。蜂蜜には「紅茶用」と書かれた商品がありますが、これはアカシア蜜のことが多く、花粉の混入がほとんどないので、紅茶に与えるデメリットが少ないという意味です。

テイスティングには必ずグラニュー糖を使います。グラニュー糖は精製度が高く、食材の風味を引き出すのに一番適しているからです。お菓子を作るパティシエが材料にグラニュー糖を使うのも同じ理由です。

ミルクは牛乳を使います。カフェなどで紅茶を注文すると、コーヒー用のポーションミルクが添えられて出てくることがあり、がっかりします。ポーションミルクは原料が水と植物油ですから、ミルクティーに必要な脂肪分が十分ではありません。加えても、味がプラス方向に向かいません。

紅茶に入れる牛乳でお薦めなのは、低温殺菌牛乳です。これも甘味料同様、好みと個人の許容範囲によるので、迷われるときは高温殺菌の牛乳と２つ並べてお試しください。

牛乳を温めて添える店もありますが、殺菌方法によってはデメリットになります。せっかく低温殺菌で牛乳の風味を保っていたものを高温で加熱してしまっては、味が損なわれます。

紅茶にはグラニュー糖と常温のミルクを添えることが、紅茶の風味を一番に際立たせてくれるのです。私はミルクピッチャーにお湯を入れて温めてからミルクを入れて、常温にしています。

# 茶器の選び方

スリランカのマダムの教えを教訓に、私は紅茶の茶器を購入する際にルールを作っています。

①好きなティーカップを見つけたら、購入するのは1つ。

②使い勝手を確かめてから、客室の椅子と同じ数のカップ＆ソーサーを購入する。

③②とおそろいのケーキ皿と、サンドイッチなどを盛り付けるための大皿を購入する。

④さらに気に入ったらケーキ皿よりひとまわり大きなデザート皿を購入する。

ミルク入れとシュガーポットは、丈夫なシルバーでそろえます。この2つは1度のティーパーティーの中で何人もの手を渡り歩くので、その間に他の食器にぶつかったり、手から滑り落ちてテーブルに強く当たったりします。ですからティーカップやソーサーよりも壊れやすいのです。

この2つを購入する際には、がんばってトレーまでそろえます。パーティーのテーブルでは、砂糖とミルクは皆が使ううちにテーブルの端やお花の陰に置き去りに。次に使いたい人が「お砂糖はどこ？」と尋ねれば、会話に水をさすことにもなりかねません。

トレーをテーブルの中央に置いておくと、砂糖とミルクのホームポジションができ、誰もが探さなくとも好きなときに砂糖とミルクを手に取ることができます。おそろいでなくても構いませんが、そろいにしておくと一体感から自然とひとつに寄り添います。

業務用の茶器は、基本の購入方法は変わりませんが、自宅用を製造するメーカーと業務用を開発するメーカーではデザインの発想の出発点に違いがあります。エレガントなものと、丈夫でスタックしやすいものとでは口当たりに差があります。

また業務用で使うカップおよびティーポットは、容量がお客様のターゲットやオペレーションに関わるので逆算が必要です。熱湯70ccで茶葉1gを使用量の基準にし、客の滞在時間、客単価、年齢層、サーブする手順はカップで出すのかポットを添えるのか、などさまざまな要素を考慮します。

ティーポットは注ぎ口の延長線上の放物線が、鋭角の場合と遠い場合があります。注ぎ終わりに必ずこぼれてしまうようなポットは、カップをソーサーごと持って注いでみてください。放物線の角度が合えばこぼれることはありません。

# *Chapter4*
# テイスティング技術

判断がつかないとき

私は迷わず

テイスティングカップを並べます

仕入れるときも

製茶のときも

新たな味を作るときも

紅茶の仕事は

全てカップの中に答えが出ます

テイスティングカップに導かれて

今の私があります

# 自分の感覚を信じて磨くテイスティング

紅茶のカップをいくつも並べ、その味や香りを比べ情報を得ることを「テイスティング」と言います。

ティーブレンダーは、たった一握りの紅茶のサンプルから、トン単位の紅茶を買い付けます。私の会社で購入する原料紅茶は１種類につき数トンという規模ですが、世界中に販路を持つような大きな会社では何十トンもの規模になるでしょう。うっかり粗悪品を購入してしまうと、何トンもの産業廃棄物が生まれてしまうわけで、私たちブレンダーにとって、テイスティングは最も神経を使うところです。

ティーブレンダーは、１つの商品の味と香りをいったん形作ったら、その後もそのラベルの貼られる商品として同じ味、同じ香りを作り続けることが仕事です。毎回、目的の味と香りを再現するためにいくつかの茶葉を組み合わせますが、その組み合わせの比率が作る度に同じかというとそうではありません。

紅茶は農作物です。毎年同じ茶園から原料紅茶を買い付けたとしても、毎年同じ味と香りの茶葉が手に入るとは限りません。

例えばワインには、ヴィンテージという言葉があります。同じワイナリーの同じラベルのワインでも、◯年は太陽が多く降り注いだからブドウの出来がよくワインの味が芳醇になった、◯年は天候が芳しくなかったので酸味がやや強いが滋味深い、などとその年ごとの味の違いも含めてワインを楽しむという文化があります。ボトルのラベルにはブドウの収穫年を示す表記があり、ワインを評価する指標の１つでもあります。

紅茶商品は、同じラベルの商品は何度買っても同じ味を求められる飲み物ですから、その年の紅茶の出来がどうであれ、最終的な商品は同じ味になるようにブレンドをして作ります。しかも紅茶は、製造過程においても発酵具合で味が左右されますし、流通段階の保管の状態で劣化することもありますから、茶葉の仕上がり具合とともに信用のおける工場やバイヤーから買い付けることが、最終商品の品質を保証することにつながります。

粗悪品をつかまされないようにし、予算的な折り合いをつけながら希望通りの紅茶を作る。そのためにティーブレンダーは、自身が作るべき味にとって必要な原料紅茶の組み合わせをたった一握りのサンプルの中から探し出すのです。

テイスティングでは、紅茶を実際にお湯で抽出し味わうことで、茶葉の持つさまざまな情報を探ります。いくつもの紅茶をテイスティングしますから、単においしい、おいしくないというだけではなく、味が舌のどこにアプローチしてくるか、口の中での広がり方、香り、キックバックしてくる余韻など、様々な観点から分析します。

そしてブレンドの段階では、味は申し分ないけれど香りが弱い紅茶と、味は豊かではないけれど香り高い紅茶を組み合わせて、味が豊かで香り高い紅茶を作る、というようなことをもっと複雑なレベルで行います。そのために、原料紅茶のどこが飛び抜けていて、どこが不足しているかをつぶさに観察するのです。これがテイスティングです。

テイスティングは、自分の味覚と嗅覚と記憶のデータベースが分析器です。人の体は生まれつきの個性がありますし、育ちも生活習慣も人それぞれですから、感覚にも個人差があります。さらに日頃紅茶に親しんでいるかどうかで感度が変わり、特に、タンニンに慣れているかどうかは影響します。

紅茶の味を見極められるようになりたい、そう思うのでしたら「自分の感覚を信じて、磨く」と腹を決めることです。

訓練によっては、味覚も嗅覚も感度が上がることはよくあります。慣れないうちはわからなかったり、自信がなかったりすることもあるでしょうけれど、経験を重ねることが大切です。興味を持って楽しんで行うと、よりわかるようになるでしょう。

特に紅茶はタンニンに特徴を置く飲み物です。人は日常的に、食べ物を食べるときに苦味や渋味を好んで摂取しませんから、苦味や渋味が茶葉によってどう違っているかを見極めるには、この味の感度の高さが求められます。ワインを好んで飲む人はこの感覚が優れていることが多いです。

普段の食事やティータイムでも、自分の舌と嗅覚が感知する味と香りに意識を向けて言葉に置き換えてみましょう。例えば単に「甘い」だけでなく、「舌先に直線的に甘味がやってくるが後からくる酸味もあって香りの余韻が残る」のように、舌のどの位置にアプローチがあるかや、時間軸でも観察をして味がどのように変化するか、そこに香りはどう関わってくるかをできるだけ言葉に置き換えます。繰り返すうちに、表現のバリエーションが増えていきます。

# テイスティングカップはティーカップの原型

取っ手のあるカップとその蓋と丸いボウル。テイスティングカップはこの3つのパーツで1セットです。

生まれた背景は、少し歴史を遡ります。かつて紅茶が海を渡ってヨーロッパに輸入され始めた頃、船にエンジンはまだなく、貿易風に乗る船で運ばれていました。これでは行き来できる回数が1年の中でも限られますから、なんとか陸路で紅茶が運べる産地が欲しかったのです。

ヨーロッパにより近い所で作りたいといろいろな国が競うようにチャレンジした中で、最初に成功したのはイギリスでした。中国にあった茶の木およそ1万本をインド北東部のダージリンで育てることに成功したのです。

それを聞きつけたいくつもの国が、ダージリンに挑戦します。この頃から、産業革命前からの産業である緑茶や烏龍茶と、紅茶は考え方に一線を画していました。緑茶や烏龍茶は長い歴史の中から生まれた名産地がいくつもありますが、紅茶は投資対象です。投資した資金が回収できる見込みがたたなければ茶園が整備されません。

回収の予測を立てるための、品質の基準が欲しい。基準を作って互いに情報交換し、競い合いながら育成の技を磨き合うために生まれたのが、テイスティングカップでした。

同じ道具と、同じテイスティング用語を使って、言葉が通じなくても情報交換ができる仕組みを作ったのもイギリス人です。このときにテイスティングカップの容量は150ccに決まり、現在まで変わりません。

このサイズからティーカップが生まれ、ティーカップのサイズから最初のティーバッグの2gという基本の分量が決まりました。

私が使うテイスティングカップは、陶磁器メーカー大手のノリタケのボーンチャイナのテイスティングカップです。カップと蓋はぴったり合うものでないと、蒸らし時の条件がそろわないのと、香りが逃げてしまいます。抽出液をボウルに注ぐ際の安定感も大切。もうすでに手に馴染んでいますので、たくさんのテイスティングカップを並べたときも、素早く扱うことができます。

インドやスリランカのティーテイスターは、テイスティングのときに少し下を向いて、お蕎麦を食べる要領で空気を吸い込みながら、口の中の紅茶に空気を混ぜて、口全体に風味を広げます。憧れの気持ちで私はそれを眺めていたものです。

# テイスティングの基本的な手順

テイスティングを行うときは、道具の準備をしておきましょう。飲んで味に集中するためには、必要なものが全て手元に並んで置いてあることが大切です。心がせわしないと味覚は鈍りますので、テイスティングは気持ちが落ち着いているときに行いましょう。抽出時間は秒単位で守ります。条件をそろえることで初めて、比較をしたときの味や香りの差異を正しく分析できます。

**テイスティングの準備**

・0.1g（または0.5g）単位で量れるはかりを用意する。

・タイマーを茶葉指定の蒸らし時間に合わせておきスタートボタンを押すだけにしておく。

（オレンジペコ＝5分、ブロークンオレンジペコ＝3分、ダスト＝2分。グレーディングされた茶葉は大きさが決まっているので抽出時間も決まる）

・清潔なテイスティング用のカップを必要な数並べて、水滴が付いていないか、よく乾いているかを確認する。

（アルコール消毒はしないこと）

・スプーンと紙ナプキンを数枚置く。

・グラニュー糖とミルク、計量スプーンを用意する。ミルクは温めない。

・お湯を沸かす。

**テイスティングの手順**

1．テイスティングする茶葉を2gずつ量る。

2．テイスティングカップに茶葉を入れて、右手にお湯の入ったやかん、左手にテイスティングカップの蓋を持つ。

3．テイスティングカップの底一点をめがけて、手首を回さずに重力でお湯が落ちていくようにして熱湯を注ぎ、蓋をする。

4．タイマーのスタートボタンを押す。

5．タイマーのアラームが鳴ったら止め、テイスティングカップの蓋を押さえながら

90度傾けてボウルの上に置く。カップと蓋の間のギザギザの隙間から、抽出された紅茶をボウルに注ぐ。

6.抽出が終わったら、蓋をしたまま2、3回上下に振って、ベストドロップ（最後の一滴）まで注ぎきる。

7.テイスティングカップをひっくり返し、蓋を下にしてカップを持ち上げると、出がらしが蓋の上にのる。カップの上下を戻し、出がらしがのった蓋をそのままテイスティングカップの上に置く。

**私のテイスティングの3ステップ**

Step1　ストレートで飲む。

Step2　小さじ1杯の砂糖を加えて飲む。

Step3　大さじ1杯のミルクを加えて飲む。

慣れてくるといくつかある紅茶を手当たり次第に飲んでも味を見分けることができますが、長年テイスティングをしている中で、初心者の方にも違いを感じられる方法を見つけました。それは、本で例えると薄いパンフレットから分厚い辞書というように、情報量の少ない紅茶から多い紅茶という順番で味を比べるやり方です。

味や香りの強いものの後に軽いものを飲むと、その個性を感じ取ることはプロでも難しいことがあります。

**私のテイスティングの方法**

①2カップテイスティング

②スライドテイスティング

③マトリックステイスティング

テイスティングの方法は3つ、目的に合わせて選びます。初めての方がトレーニングするならば、2つを比較する①から始めてください。複数の違いを知りたい場合や、1つをセレクトをしたい場合は②です。これは経験が必要です。③は1つの茶葉に対して最高のパフォーマンスを見つけ出す方法です。複数の人たちと答えを探すときに役立ちます。

# 初めは「2カップテイスティング」から

テイスティングで味の差異を確認する、最も基本的なスタイルは「2カップテイスティング」です。先ほどの本に例えるならば、どちらが厚い本でどちらが薄い本かを飲んで見つける方法です。テイスティングに慣れていなくても、まずはこの2カップテイスティングを繰り返し行うことで、味や香りの差異がより具体的にわかるようになっていきます。

2つの比較ならば、必ずどちらの方が好き、どちらの方が味がよい、など小さな差異から見出した答えを自分の中に持つことができます。自分の好みの紅茶を見つけたり、あるいは業務の現場で取り扱う紅茶を比較して決めたりするときは、この方法で選別できます。ブレンダーの世界では、2つを比較し安くておいしい紅茶を用意できる方が、持つ技術が上と評価されます。

それでは実際に2カップテイスティングをしてみましょう。清潔なテイスティングカップを2つ用意して、前のページの手順に従って紅茶をいれます。

Step1　右利きならば右手にカレースプーン、左手に紙ナプキンを持ちます。テイスティングカップから、スプーン半分ほどの紅茶をすくい、口に入れます。もう1つのカップから紅茶をすくう前に紙ナプキンでスプーンに付着している紅茶をぬぐいます。味が混じるのを避けるためです。乾いた状態でもう1つのカップから紅茶をすくいます。このとき味を見るのはひと口ずつにしておきます。違いを感じるくらいで十分です。

Step2　砂糖を入れて溶けるまでかき混ぜます。Step1と同様にひと口ずつ飲みます。砂糖の力で風味のフレームがくっきりと描き出され、違いをより感じられると思います。ここでわかるのはスイーツとの相性。自分の好みかどうかがはっきりします。砂糖を入れると水の色に艶が出てくることに気がつくと思います。色も鮮やかになり、ゴールデンリングがある紅茶ならよりくっきりとします。

Step3　ミルクを加えます。そうすることで、味に情報量が増えて、紅茶によっては思いがけない変化が起きます。紅茶の持つキャラクターがよりはっきりするので、印象が急に変わり、初めの方ではそんなに好きな味と感じていなかったのに、突然魅力を感じ始めることもあります。

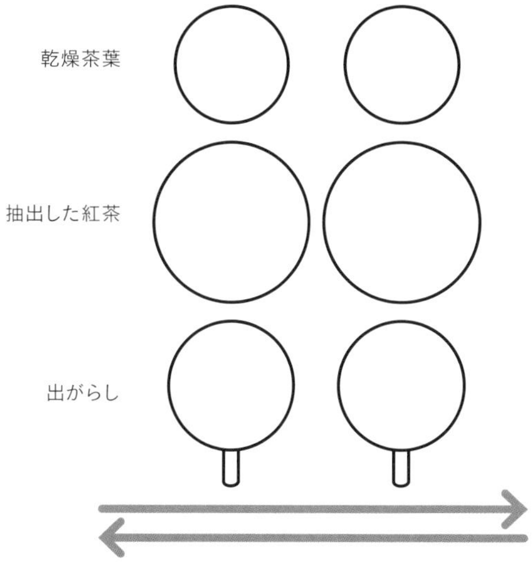


左右を繰り返し飲む

# 「スライドテイスティング」で比較する

3つ以上の紅茶を並べてテイスティングをする方法です。原料紅茶をブレンドして商品化するブレンダーは、「2つまでは誰にでも違いを見つけられ、好みを選べるが、3つ以上並べると別の経験値が必要」と言われています。この数になると、日頃紅茶に親しんでいるかどうかの経験値で、感度が変わります。業務の現場なら、複数の紅茶からメニューを考える際に有効な方法です。

まず、知りたいことのテーマを決めます。

「産地ごとの違いを知りたい」という場合は、名前に産地名がついた紅茶で比較します。地名ではない名前のついた紅茶は複数の原料紅茶がブレンドされている場合がありますからここでは同列で扱いません。

「ブレンド商品の比較をしたい」という場合、例えば同じメーカーの違う商品の比較や、違うメーカーの似たもの同士を比較したい場合には、比較したい茶葉の数のテイスティングカップを用意し、基本的な手順に従って紅茶をいれます。全ての紅茶が用意できたら、味や香りの弱いものからテイスティングできるように順番に並べます。順番は右ページの並びを参考にしてください。

Step1　テイスティングカップからスプーン半分ほどの紅茶をすくい、口に入れます。左から順番に、ひと口ずつ右に向けて飲み比べます。途中でおいしいなと思ったり、興味が湧いてもうひと口飲みたくなったりしても、1回に留め、味の違いを感じるくらいにしておきます。

Step2　砂糖を入れて溶けるまでかき混ぜ、左から順番に、ひと口ずつ飲みます。砂糖の力で風味のフレームがくっきりと描き出され、それぞれの風味の差異をより明確に感じるでしょう。

Step3　ミルクを加えることで、味に情報量が増えて、それぞれの個性の違いをよりはっきりと感じます。ティーブレンダー は、このスライドテイスティングで、標高の高さや茶葉の品質をきれいに分けることができます。この段階に来ると、Step1の並びは順番が違うと感じることもあります。そのときは感じたままに並べ替えてください。

## 産地やテロワールを確かめるテイスティング例

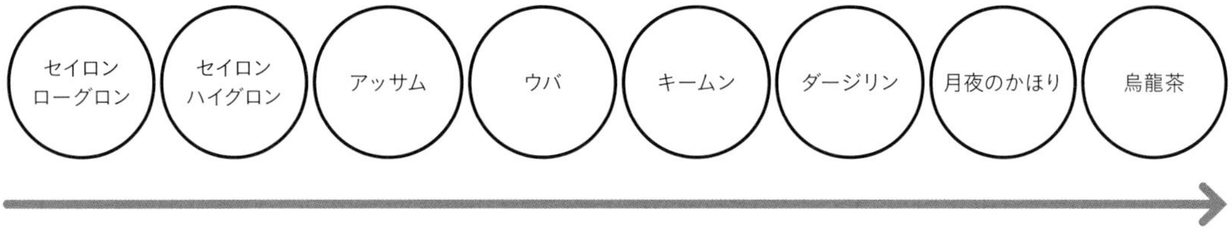


味と香りの弱いものから強いものの順に並べる

# おいしい分量と時間を割り出す「マトリックステイスティング」

同一の茶葉から紅茶をいれても、関東と関西で味が違うということがあります。水質が違うからです。隣り合う町でも水源が違えば味は違いますし、同じビルの中でも使う浄水器が違えば味は違います。クルーズ船なら寄港地ごとに給水する水質が変わり、ビルが古ければ上の階ほど硬度が上がりますし、設置している浄水器のフィルターを取り替えたばかりでも硬度は上がります。紅茶は、いれる水によって、味の抽出のされ方が違ってくるのです。

買ってきたこの紅茶、我が家の水で、店の水道水で、いったい何グラムを何分何秒でいれると最もおいしい味になるのか？ を割り出すのが、「マトリックステイスティング」です。

これは1つの茶葉に対して①紅茶の分量を変える、②紅茶の抽出時間を変えることで、茶葉のポテンシャルの一番高い分量と抽出時間を探ります。横軸は分量の軸で、左から1.5g、2g、2.5gで量り、準備します。縦軸は時間で、一番上の段から2分30秒、3分、3分30秒で抽出してください。

全ての抽出が終わったら、ストレートの状態で、一番左上から下に向かって縦に飲み、次に2列目、3列目を上から下に向かって飲み、どのポイントがベストな風味かを自身の舌で確かめます。

すると、この紅茶はこの水では「茶葉が多めで、蒸らし時間が少ないほうがパフォーマンスがよい」とか、「茶葉が少なくても、蒸らし時間が長めだとよい」と、答えが出ます。風味の違いはお菓子と合わせたときに変わるので、例えばカフェならば看板スイーツを用意して順番に合わせていく、レストランならば合わせたい料理と一緒に飲んでみると、どの分量と時間が最も食べ物のパフォーマンスを上げてくれるかを確認することができます。

砂糖を加えると、茶葉のパフォーマンスがストレートと同じではないことがわかります。よい茶葉ほど砂糖を入れた量に対して甘さを感じないのですが、糖度計だけでは見つからない、甘くなるポイントや香りが高くなるポイントがある場合もあります。

マトリックステイスティング例

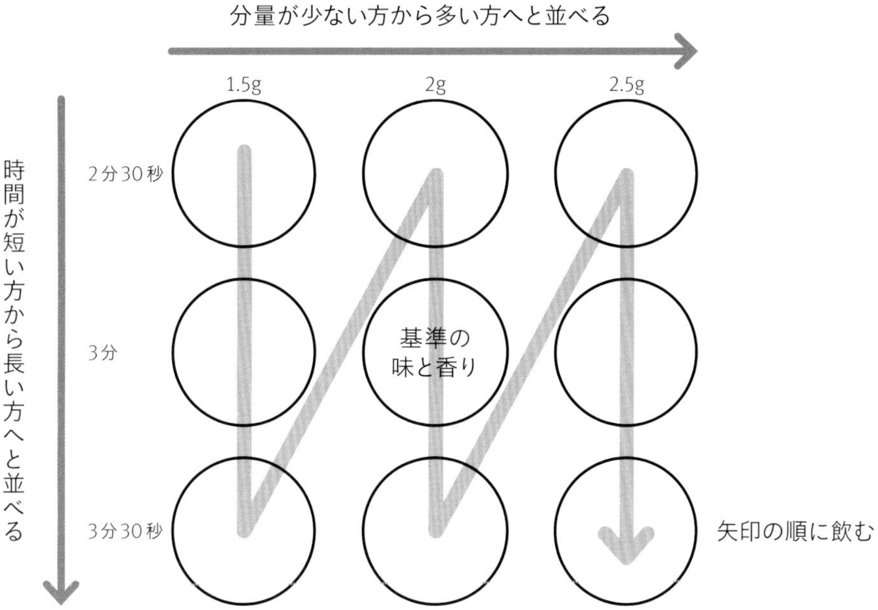

# 舌の上にある味の地図「タンマップ」

私はスリランカに出かけることが度々ありますが、現地を訪れた際にはなるべく地元の紅茶に携わる方とお会いして、情報交換するように心がけています。

茶畑の広がるスリランカ中部のとある農場で、ファクトリーマネージャーをしているチャーミンダー氏とお話ししていたときのことです。話題が「茶葉をどのように見極めるか」という内容になりました。

私が、畑の土によって、あるいは畑の山の向きや風の吹き方、標高で、アプローチしてくる舌の位置が違うと話すと、興味津々で「じゃあ今飲んでいるこの紅茶はどんなところで育ったと思う?」と聞いてきます。そこで私は答えました。

「あなたが今私にいれてくれた紅茶は、舌の中央に乗り、香りが上向きに上ります。これはミディアムグロンの特徴で、味のプロポーションが丸く卵形をしています。この茶葉は標高800メートル前後の畑のもので、日当たりがよいところでしょう? おそらく早朝のまだ霧の残る時間帯か雨の降った少し後に摘まれたものじゃない?」

とたんにチャーミンダー氏の目がキラキラして、ハイグロンの紅茶ならどの舌の位置? 雨が降った後とわかったのはなぜ? と質問が止まらなくなりました。

「こんな話は初めて聞いたよ、トモコ。なのによくわかる! まだ帰らないで」

とニコニコしながら次の紅茶を私のカップに注いでくれます。それをどこで習ったんだと聞かれましたが、人に教えられたわけではなく、経験から見えてきたオリジナルの分析方法で、茶園を自由に歩き回ることができた環境のおかげだと伝えました。

「トモコがするような紅茶の味の見極めができる人は、スリランカでもほとんどいない」

彼がヌワラエリヤの茶葉の試験場にいて、その後ウバの名園に勤めた経験を持つことからも、紅茶の味に関して鋭い感覚を携えている人物であることは想像に難くありません。私が味の分析が好きとわかると、チャーミンダー氏も様々なことを教えてくれます。

そんなチャーミンダー氏が嘆いていたのは、味の見極めができない農場やバイヤーが、アクセントとキャラクターを勘違いして捉えていることでした。

まだ経験の浅い茶園が、自分たちの農場の個性を作ろうとするあまりに、風味のプロポーションのバランス（＝キャラクター）よりも、突出した特徴（＝アクセント）を強調した茶葉を作ってしまうことがあります。そんな紅茶の味はバランスが悪く、印象のよくない何かが突出し、そして存在感が小さい。

一方のバイヤー側も、テイスティングの仕方がわからないと、感じ取りやすいアクセントの部分に反応してしまい、茶葉のキャラクターを分析できずに、質の悪い茶葉を購入してしまうことがあります。

茶葉の味をキャラクターとして理解できる茶園は、味の全体のバランスを大切にしますし、バイヤーもそれがわからないと、本当によい茶葉を仕入れることができません。それはブレンダーにとっても同じことです。

さまざまな味のアプローチを舌のどの位置でキャッチできるかを独自に舌に位置付けたのがタンマップです。タンマップを知ることで、紅茶を分類する方法を得ました。

タンマップ

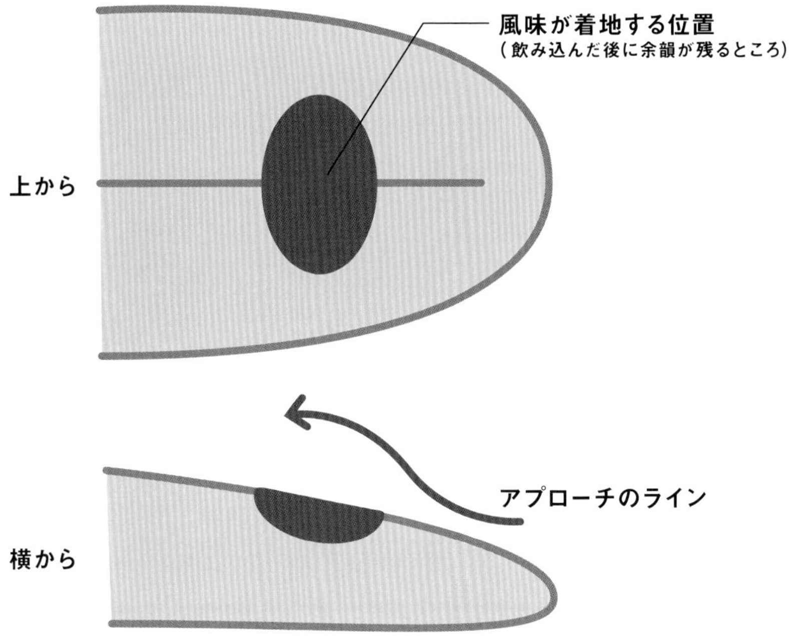

*Collaboration*

# 紅茶の味を見極める

## イタリア料理人 奥田政行さん

*Profile*

奥田政行（おくだ まさゆき）

イタリア料理人

アルケッチァーノ（山形県鶴岡市）オーナーシェフ、ほか全国に店舗を展開。山形県「食の都庄内」親善大使を務め、地方の食材を生かした地域おこしに取り組む。著書に『地方再生のレシピ』（共同通信社）『食べもの時鑑』（フレーベル館）など。

絶対味覚をお持ちと言われているイタリア料理人の奥田政行さんに紅茶の味の分析を依頼したところ、私たちの紅茶を知りたいと沖縄に来てくださいました。さらに畑で茶摘みをし、紅茶の手揉みにも挑戦され、紅茶がどのように作られるのかを体験されました。そこで出来上がった紅茶は、品のよい高貴な香りを醸し、プロとして嫉妬してしまうほど。今回はいくつかの紅茶の味を詳細に分析して、視覚的にわかるようにグラフで表現してくださいました。

**奥田**　私は、味を見極めることを「味分ける」と書いて「あじわける」とか「みわける」という言い方をするんですけれど、私の周りでもなかなかこれをできる人がいなくて。内田さんは味分ける人だと直感しました。

**内田**　正直なところ、とてもありがたい理解者が現れた！　と思いました。じつは味の話をすると「それ本当なの？」と言われることが多いです。

**奥田**　わかります。内田さん、その人の紅茶の飲みっぷりを見て「あなたはダージリンが好きですね、子供の頃の食卓にはお母さんが酢の物をよく出してくれたでしょう」なんて言うから、相手の人はびっくりしますよ。

**内田**　はい。紅茶には味の着地点があって産地によってそれが違いますが、ダージリンは味の着地点が舌の奥なのです。この味が好きな人は舌の奥を刺激する酢の物を食べ慣れた人なので、お母さんがそういう料理を作ってくれたんだろうなと。かいつまんで話してしまうので、何かを見抜かれたと思うのか、だんだん遠ざかっていく人もいるくらいなんです。

**奥田**　それは致し方ない。紅茶を飲んだだけなのに好きな食べ物や嫌いなものだけじゃなくて、癖や服の好みまでドンピシャで言い当てるんですから。まるで占い師のように見えてしまう。私も左手の甲の匂いをかいで昨夜食べたものがわかるんですけれど、引いちゃう人がいますが、その反面、信者も表れますよ（笑）

**内田**　奥田さんの飲み方からわかったのは、奥田さんの口は赤ワイン的で、かといってフルボディではない、やや軽めのフルーティーな赤ワインで、上あごにクライマックスが来るのが好きなんです。ですから奥田さんの料理には、そんな味の紅茶が必要だと思いました。

**奥田**　あれ、やられたなぁ。いつの間に分析を？　どんなところでそれを見ているんですか？

**内田**　紅茶を何種類か並べて、飲み比べている様子を見ると、好きな味の紅茶は飲む勢いやひと口の量が違うので、すぐにわかります。順番に飲んでいても、好きな味が来ると、本人も気付いていないけれどぐぐっと飲む。そしてもうひと口飲む。それを見て、ああこの人はこの味が好きなんだ、とわかる。ワインも同じです。

**奥田**　ああそういえば、数ヶ月前に一緒に食事をしたときに、お酒を飲まない内田さんが、私と同じグラスワインを頼んでほんのちょっとだけ口をつけたことがありました。飲めないはずなのに不思議だなと思ったのですが、そういうことでしたか。

　あの時は、ソムリエがセレクトしたワインでした。私の飲み方を見て内田さんは、私が好きなワインはどんな味なのか確かめたくなったというわけですね。

**内田**　長年紅茶に携わってきた中で、セイロンやアッサムなど紅茶の種類によって、舌にアプローチする場所が違うことに気がつきました。

　それがわかってから、たくさんの方々の飲み方を見ていると、人間は「好きな味は舌が自ずと求めるのだ」という結論に至りました。テイスティングカップをずらりと並べて、順番に飲んでいただくと、ご本人が意識していなくても、ある種類の紅茶を飲むときのカップの傾きが大きくなったり、その味のカップだけが極端に減ったりするのでわかります。

**奥田**　私もレストランでは、お客様の髪の色、鼻の形、店に入ってきたときの最初の一歩のしぐさ、前菜の食べ方などを見て、メニューや料理の味付けをフルコースの途中で微調整します。究極のおいしさとは、その人の求めている味をそれぞれの人に合わせて作ることですので、内田さんは紅茶でそれができる同族だと思いました。

**内田**　好きな味の紅茶がわかるということは、その方の舌のどこが鍛えられているのかがわかるということ。だから食べ物の好みまで関連づけて見えてくるのです。

　この味はこうだ、理屈はこうだとお話ししても、それを理解してくださる方があまりいませんでした。私も伝える努力が足りていないのは重々自覚しているのですが、奥田さんが私の味の分析と理論に、理解を示してくださったのがとても嬉しかったです。

**奥田**　そういうところは六番目の感です。それはサイキックという意味ではありません。みんなが知らないことを知っているので、みんなには見えていないところに気がついたり、感じたりするわけですが、実際はちゃんとした理由や理屈、方程式がある。内田さんはそれがピタッと言葉になって出てくる。

**内田**　ただ紅茶をブレンドして作っているだけであれば、わからなかったことです。スリランカで地元のマダムたちのティーパーティーにいつも呼んでいただき、その経験に私は育てられました。

　例えばサンドイッチのキュウリに強く塩味をつけるのは、隣にスイーツがたくさん並んでいるから。塩味の濃い食べ物は箸休めの役割といったような、紅茶が必ずしも甘いものとだけ合わせるものではないことや、紅茶と食べ物の組み合わせのことはずいぶん勉強になりました。飲む人が、紅茶をどう楽しんでいるのか、何を期待しているのか、その求められている役割から、紅茶作りを考えることができるようになったのです。

**奥田**　私も自分の料理に何を期待されているかは常に意識しています。一番は、食べながら幸せを感じてもらえること。そしてお客様が家に帰ってから、そのときの料理やお伝えした情報が何かの役に立つこと。奥田は地元の野菜をこんな食材の組み合わせで作るのかとレストランで気付いてもらい、家でもこの食材を使って料理してみようと思ってもらえるようにシンプルに料理しています。テーブルでお客様とお話しするときは、その方が誰かに、その食材について話したくなるように、楽しく食材の話をしています。

**内田**　紅茶は、作っている人と楽しんでいる人が分かれている、お互いが見えない世界なんです。生産者と消費者の間には、製造者、バイヤー、ブレンダー、販売店と何段階もあるので、双方の声が相手に届かない。国さえ違うくらいですから。

**奥田**　たしかに、アジアで作ってヨーロッパで飲まれている。声を届けようがないですね。

**内田**　私は楽しんでいる人のフィールドで教えられて、ブレンドする側、さらに茶葉を育てる側になったので、入り口から出口までを結び付けられるようになったのだと思います。

**奥田**　わかります。私もレストランでは橋渡し役です。この在来種のカブは生で食べると外側が辛いけれど、辛い部分だけ火を通せばいいから、皮だけ強火であぶってスライスするとサラダに使えます、なんていう話をします。料理人は生産者の代弁者で翼にもなります。

**内田**　今回も、わざわざ私の沖縄の畑を見に来てくださりありがとうございます。ご自身が使う食材の生産地に必ず出向くのが信条だそうですが、なぜそれを？

**奥田**　好きな人ができると、その人の生い立ちを知りたくなりますよね？　それと同じです。沖縄の茶葉から作られた「月夜のかほり」は、内田さんにいただいて飲んでみて、本当においしい紅茶だと思いました。バランスがよくて格別です。君はどんなところで育ったの？ と知りたくなった。

**内田**　まあ、そんなに私たちの紅茶を慕ってくださりありがとうございます。今回、茶摘みから製茶まですべて体験していかがでしたか？

**奥田**　畑に立って、まだ春なのに東北とはまるで違う日差しを感じながら、紅茶君、君はこんなところで育ったんだね、と自分も茶葉になったつもりで風を感じながら茶摘みしました。

君の苦味のタンニンはこの真上から降り注ぐ日の光から葉っぱの赤ちゃんを守るためにあるんだね、ゴールデンチップは時に強く吹く風から柔らかい葉がひきちぎられないように覆う毛なんだね、とわかる。沖縄の風土が、茶葉を緑茶や烏龍茶ではなく、紅茶にしているのだ、と。

**内田**　そのとおりです。

**奥田**　初めて手揉みしたときも、君はいろんな色に染まれるんだね、ちょっとこれからボクと付き合ってみようよ、という感じです。

**内田**　奥田さん、茶葉を揉んだのは初めてなのに、とても上手に茶葉が撚《よ》れていて、私、実はちょっと嫉妬しました。私が10年かけて体得したものをあっという間に感覚的に手に入れてしまうんですもの。

**奥田**　手の中で、くるくると捻《ねじ》れるのがわかったので、雑巾みたいに捻れていくように手を動かしただけです。そしたらとろみが出てきて、ギュイン、ギュインと揉んだら捻れた隙間に水分が戻っていった。

**内田**　出てきた水分を茶葉が吸い込んでいきます。紅茶の濃縮液が茶葉に戻っていくのです。

スリランカのティーパーティーでは、紅茶をいれるときに「寝ている茶葉を熱いお湯で目覚めさせてあげてね」と言われました。撚りを開いて、香りをお湯の中に放つという意味です。保管が悪いと葉がお湯の中で開きません。だから香りを放たない。よい茶葉は香りを放って葉っぱに戻ります。このとき放たれる香りが、揉んだときに手の中から茶葉に戻っていく香りです。ですから手の中の紅茶の濃縮液はものすごく大切なものです。

しかも奥田さんの作った紅茶、飲んでみたら、味の奥行きが深い。紅茶の作り手としては、こんな芳醇な紅茶を作れてしまうなんて、ジェラシーです。

紅茶は手の常在菌で味が作られますから、揉む人によって同じ茶葉でも違う味が出来上がります。ですから、味はまさに作り手の持ち味が色濃く出ます。時には反りが合わないということもあって、紅茶って結構人見知りするんですよ。

**奥田**　自分の紅茶をひと口飲んで、「あっ！俺だ！」と思いました。こんな体験は初めてです。自分で自分を飲んだような、自分の体の一部になったような。スッと染み込んでいったような感じで瞳孔が開いた。人は自分の体が本当に求めているものを食べたり飲んだりすると、瞳孔が開くんですよ。他に言いようがない、自分の味がした。

**内田**　自分の紅茶への愛情の持ち方は、どなたでもちょっと特別なものがあります。

**奥田**　これからどういう付き合い方があるか、楽しみです。紅茶はエスプリもあって、いろんな表情もあるので、ストライクな使い方をしていきたいな。紅茶と料理のペアリングはおもしろいと思いますね。

ノンアルコールドリンクと料理のペアリングの会には何度か参加したことがあるけれど、

実は納得がいったことがありませんでした。料理になぜ甘い飲み物を合わせる？　と。私は料理人なので、ペアリングというからには料理とドリンクがカチッと合ってお互いを高め合うべきと思っていますが、例えば日本茶と合わせましたというのを飲んでみると料理と合っておらず味が足りないから、何か他の味が必要と。そうなるとペアリングじゃなくなる。

それに対して紅茶は強いタンニンがあるのでワインみたいに洋風の油脂分のある料理と抜群のペアリングができちゃうことに気付いてしまった。ですから今、急激に興味が高まっています。

**内田**　紅茶は、スイーツと合わせるとか、アイスティーで楽しむだけではなく、実は最高に役立つのは食事のときです。ですから紅茶は、もっともっと飲食業界の、しかもレストランの方々の役に立てていただける可能性があります。

**奥田**　ドリンクと料理のペアリングをピタッと決めるためには、味の分析が不可欠です。

今回、内田さんの沖縄ティーファクトリーの紅茶を飲んで、“味の見える化”をしてみました。私がいつも味の分析に使っている「味覚チャート」で、味を甘味や酸味、タンニンなど個々の味に分解して、座標軸に数値を打っていきます。味から紅茶の姿を浮かび上がらせることで、砂糖やミルクを加えたときに味がどのように変化するか、紅茶の商品ごとの味はどう違うのかを具体的に“味分ける”ことができます。

**内田**　味の見極めは、ブレンダーにとっても基本です。紅茶のブレンドにおける味や香りの分析は感覚的に行われていることですが、私は今回、いつも自分の頭の中だけにあったタンマップを、図に表してみました。これからはこのようなビジュアル化はスタンダードな方法になっていくかもしれません。

# 紅茶の味を可視化する味覚チャート

奥田政行シェフの「味覚チャート」と私の「タンマップ」で、
沖縄ティーファクトリーの紅茶を例に“味の見える化”に挑戦しました。
紅茶を味《み》分けることで、紅茶の持つポテンシャルを
さらに高めた活用ができます。

## サンセットヌーボー

商品No.01

スリランカ産のセイロンに沖縄産茶葉をブレンドしました。どなたにも好かれる、丸く上る風味です。

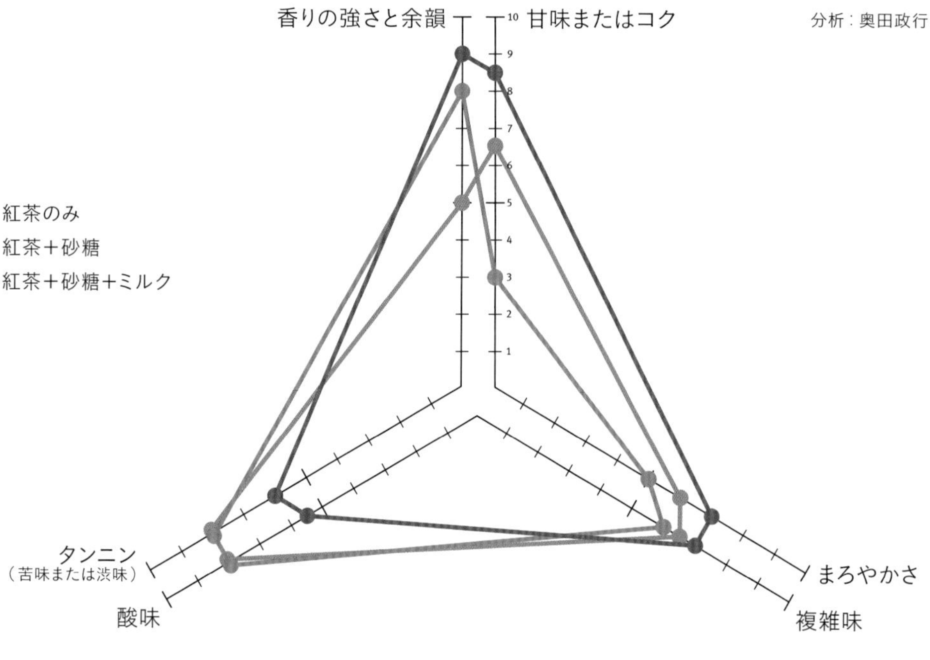


### 味の印象と合う味

**紅茶のみ**／香りと甘味と油脂分のある料理が合う。パティシエは舌の先が繊細なので、セイロンやアッサムが好きな人が多い。

**紅茶＋砂糖**／砂糖を入れたらデザートと合わせる。コクと油脂分を感じるケーキが合う。

**紅茶＋砂糖＋ミルク**／ミルクを入れたらさっぱりした印象に変わりおいしくなった。香りとコクと油脂分のある料理がよい。

### ストレートで合う料理例

フレッシュトマトスパゲッティ
デニッシュ系のアイシング
甘味と油の食べ物に少し複雑なハーブ
例）魚のオイルのカルパッチョ
　　魚のフリット

## サンセットヌーボーのタンマップ

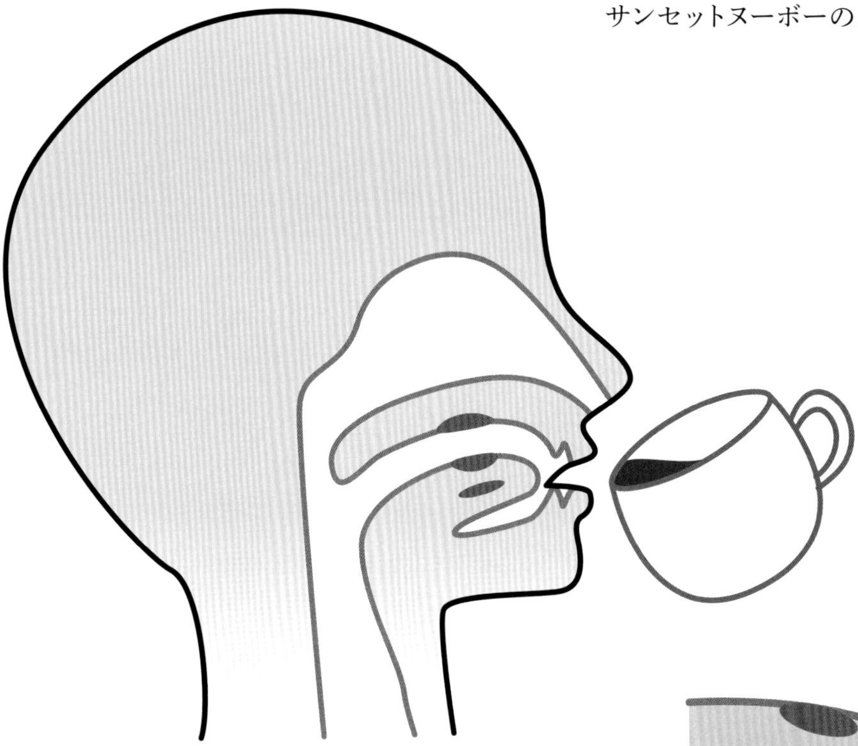

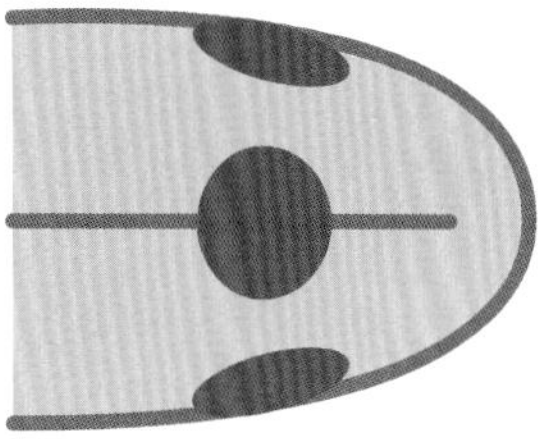

## サンセットヌーボーの舌へのアプローチ

口に含むと舌の上を滑り喉へ向かい、香りは上あごを刺激します。飲み込んで喉を通過した後、舌の真ん中と両脇に余韻が残ります。真ん中がスリランカ産、両脇が沖縄産です。そして、上あごを押し上げる香りの余韻は標高が1000メートル以上の産地の原料紅茶が使われていることを表します。

## 食べ物との相関性

良質なカカオを使ったチョコレートは香りが上あごに向かい、着地は舌の真ん中なので、このブレンドと同じ放物線を描き、おいしく感じられます。少し香りが控えめな原料でブレンドすることで、フルーツタルトなどの「食材の香り」を受け止める余地を空けておく工夫をしています。パティシエに人気のブレンドです。

## 原料

スリランカ産ミディアムグロン・ハイグロン、沖縄産

# アンバー

## 商品No.22

スリランカの高地、ヌワラエリヤ産茶葉です。いくつかある茶園からよりすぐり、味を組み立てました。

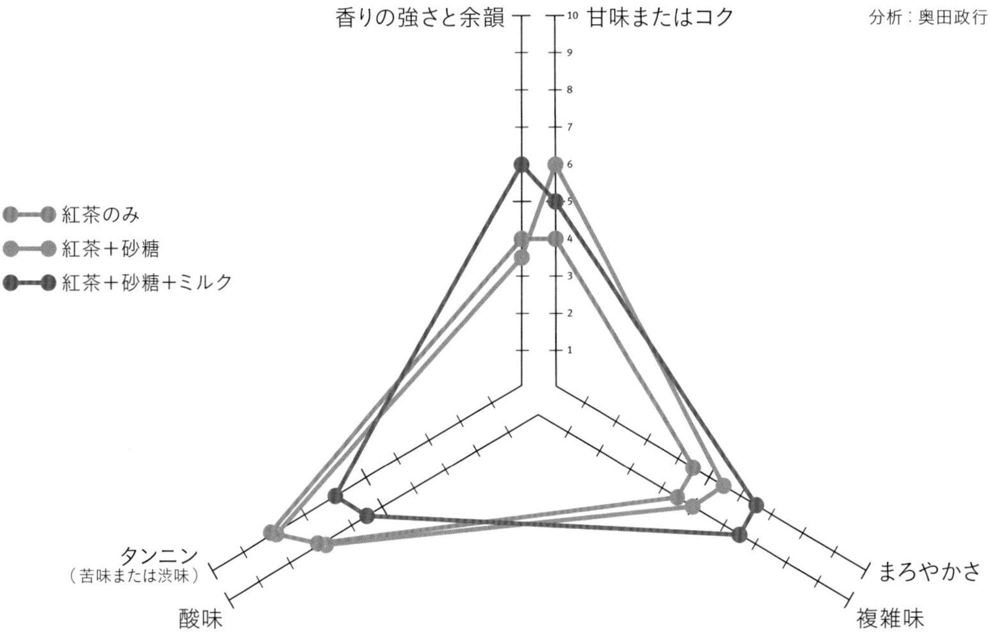


### 味の印象と合う味

**紅茶のみ**／脂肪分のあるまろやかな甘味のある料理が合う。
**紅茶＋砂糖**／タンニンと酸味を感じるので、脂肪分のある料理がよい。
**紅茶＋砂糖＋ミルク**／ミルクを入れたらバランスがよくなり、味が薄くなったが香りが出てきて、味が丸く収まった。コクは砂糖だけよりも軽くなった。味の数の多い苦味のあるコクの強いケーキ、例えばシュークリームなどが合う。

### ストレートで合う料理例

ウニクリームスパゲッティ
エビクリームスパゲッティ
クリームを使った料理
スイーツはコクを感じなくなるので、シュークリームならばホイップクリームをのせてコクを足す

アンバーのタンマップ

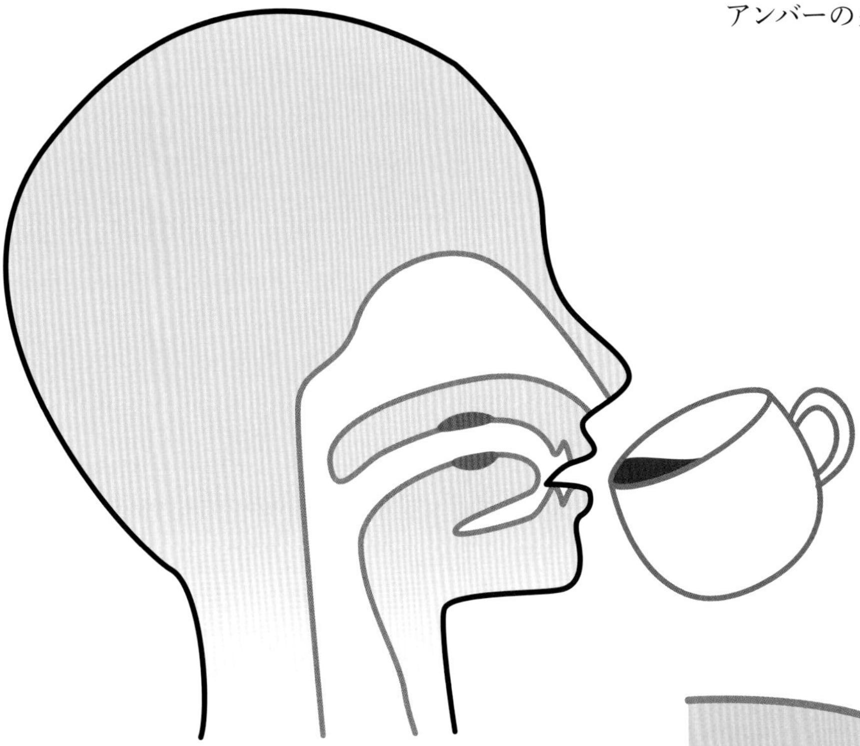

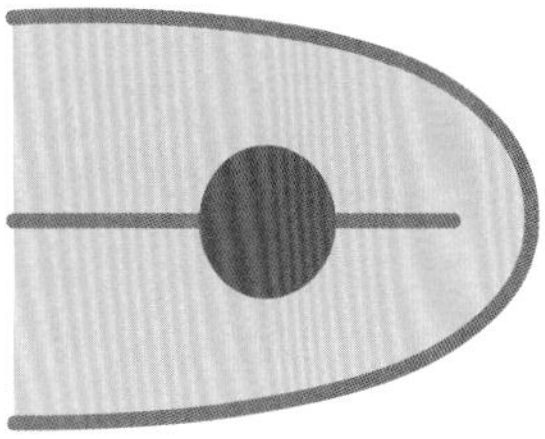

## アンバーの舌へのアプローチ

ひと口飲むと、線の細いアロマが口に広がります。香りが強いようであまり強くないのは、ボディの強さがそう思わせるのです。飲み込んだ後は、舌の中央への余韻がスリランカ産、上あごへの余韻が標高1000メートル以上の茶園で作られたことを教えてくれます。

## 食べ物との相関性

香りがあまり強くないので、イチゴのショートケーキならクリームを先に洗い流してスポンジを味わいます。イチゴよりも紅茶の風味が弱いのでなんだかイチゴが大きく感じられて得した気分にさせてくれます。オイリーなパスタ、握り寿司・鉄火巻き、お茶漬けと好相性です。

## 原料

スリランカ産ハイグロン

## 紅茶の味を可視化する味覚チャート

# アッサム

## 商品No.02

インドのアッサムと沖縄産のブレンド。アッサムだけでは舌前方に偏る風味を沖縄産で補いました。

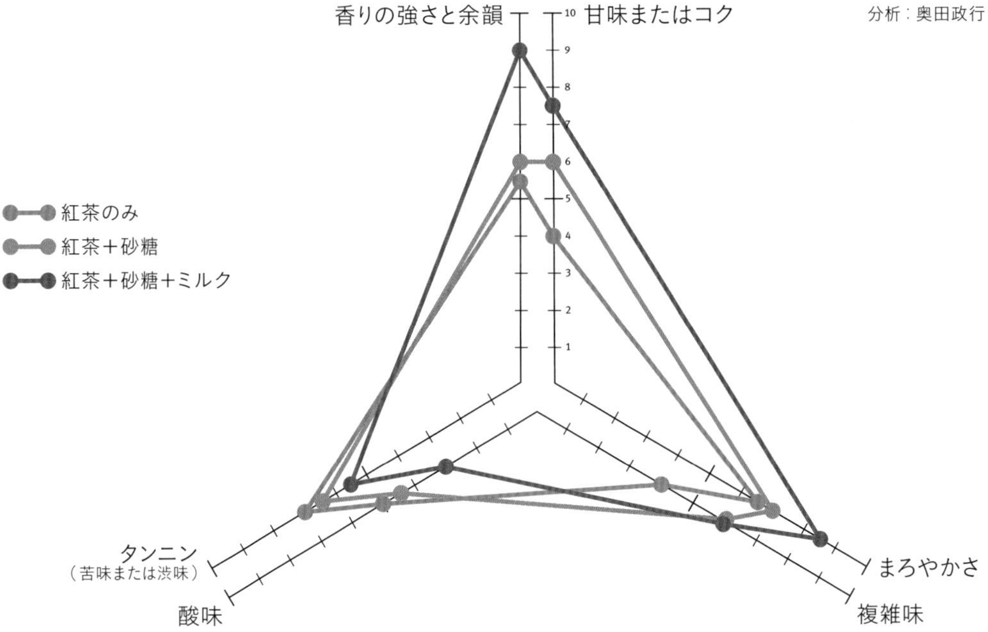


### 味の印象と合う味

**紅茶のみ**／苦味と渋味と、香りの丸い味を持つ。甘味と油脂分のある軟らかい料理が合う。

**紅茶＋砂糖**／味の膨らみのある、味の数がそこそこあるバランスのよい菓子と合う。ムース系がよい。

**紅茶＋砂糖＋ミルク**／油脂分を入れると余韻が出てきてまろやかになり、酸味を弱く感じる。味に丸みが目立ってくる。

### ストレートで合う料理例

フグ、イカ、エビ、キャベツなどのペペロンチーノ（クリームを入れると丸みが出てしまうので、ペペロンチーノ系がよい）ペクチン系があるので、オイルの粘度が生きてくる

## アッサムのタンマップ

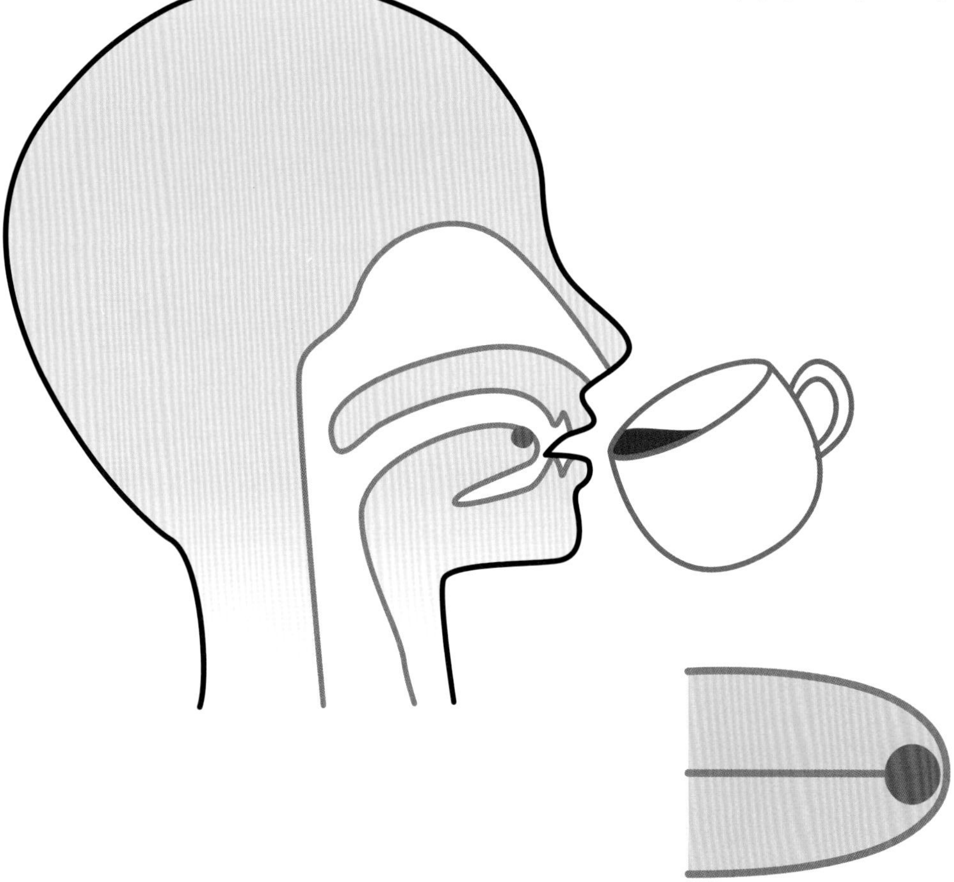

### アッサムの舌へのアプローチ

口に含むと舌全体に広まり、飲み込んだ後は舌の先に余韻が残ります。上あごに刺激が来ないのは、アッサムの標高があまり高くないことを表します。粘着性のあるトマトソースやお味噌が好きな人は、舌の前側を使い食事をする人です。この嗜好のある人がアッサムの余韻を好みます。

### 食べ物との相関性

チョコレートにはアッサムというイメージがあります。ですが品質のよいチョコレートならばアロマが上あごに上るので、標高の高い紅茶がブレンドされたものの方をお薦めします。

### 原料

インド産、沖縄産

# ウバ

## 商品No.25

ウバの名園の茶葉と、その反対の味を持つウバを組み合わせてサリチル酸メチルというメントールの風味を上げました。

分析：奥田政行

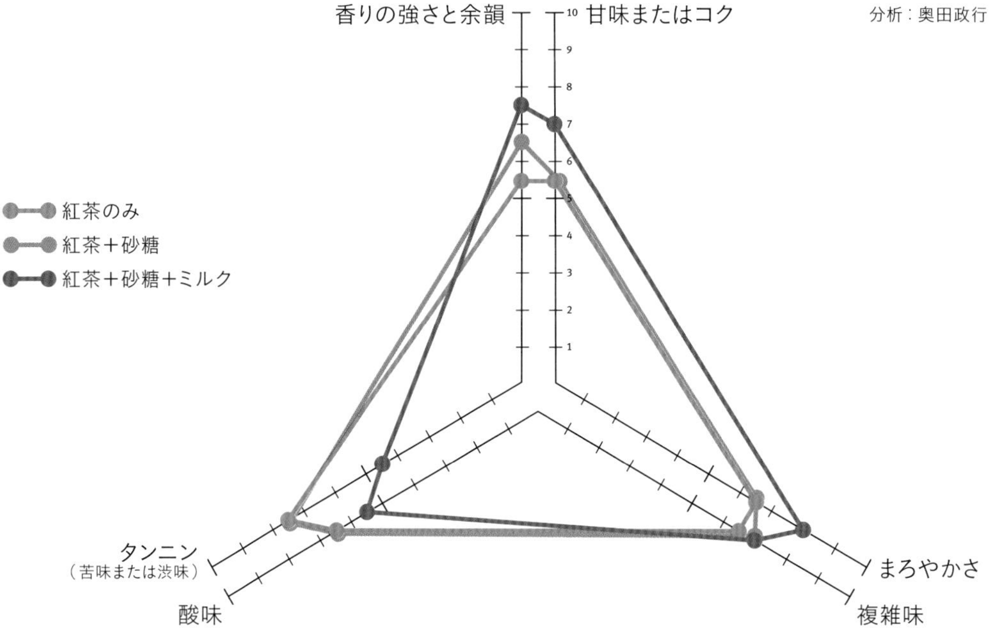


### 味の印象と合う味

**紅茶のみ**／酸味を感じるので、コクのあるものが合う。チーズなど。
**紅茶＋砂糖**／砂糖を入れても、砂糖を感じない。油脂分と酸味のあるショートケーキと合う。
**紅茶＋砂糖＋ミルク**／ミルクが入ると味に輪郭が出るが、軽くなる。

### ストレートで合う料理例

魚のヴァンブランソース（とろみのついていない魚だしのクリームソース）

## ウバのタンマップ

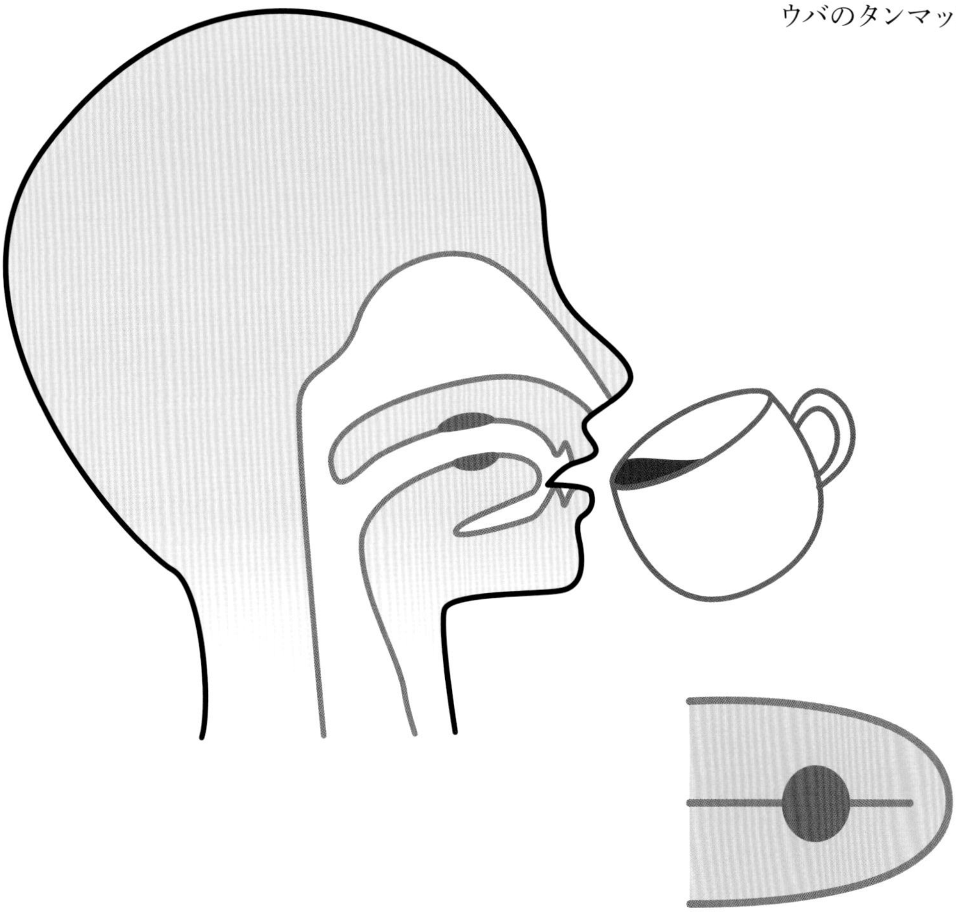

## ウバの舌へのアプローチ

口に含むと舌の前側と上あごに余韻があり、飲み込んだ後の余韻が残るのは舌の中央。スリランカ産のハイグロンティーであることを確認できます。舌中央部に余韻の残るスリランカ産は多くの方々に愛されることを余韻の残る部分の大きさが表しています。

## 食べ物との相関性

ウバは世界一のミルクティー茶葉の産地としても有名です。油脂・糖質と相性がよいので、シュークリームやエクレア、深い味わいのブイヤベースにサワークリームを添えた料理によく合います。

## 原料

スリランカ産

# キームン

## 商品No.26

キームンの香りよい茶葉と味に横幅のある茶葉をブレンドして厚みのあるベルベットタッチの風味に。

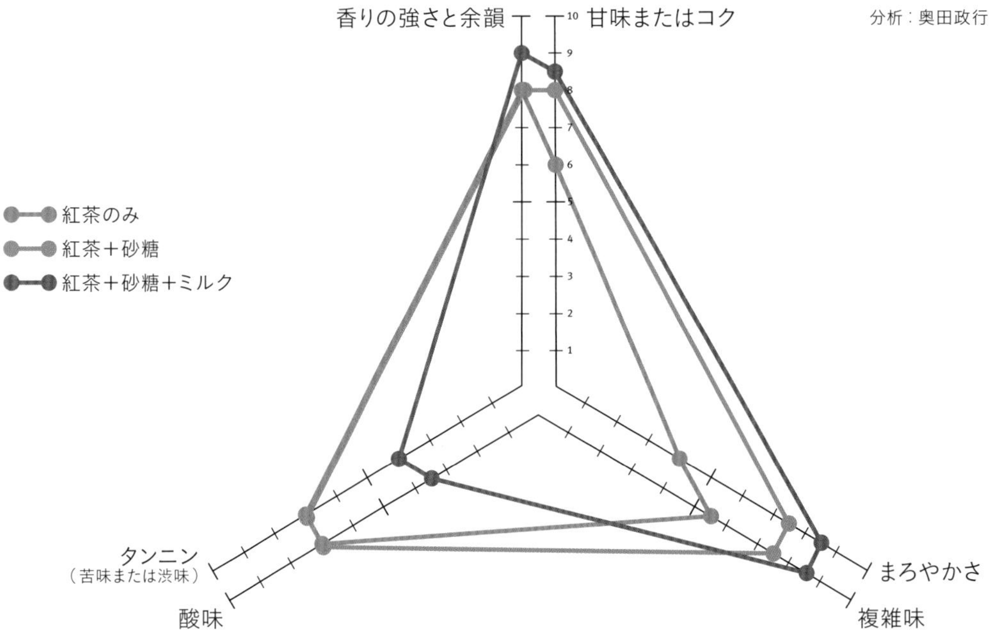


### 味の印象と合う味

**紅茶のみ**／タンニンと酸味に特徴のある紅茶。
**紅茶＋砂糖**／砂糖でスモーキーになる。味の数の多い、香りとコクのあるケーキが合う。例えばシブーストや卵黄入りキャラメルムース、エクレアなど。
**紅茶＋砂糖＋ミルク**／ミルクが入ると複雑味が増す。味わいが出るので、香りと味の数の多い料理が合う。

### ストレートで合う料理例

味わい感を出すために甘味のある貝のオイル系のパスタ
味の数の多いカスタード系のタルト

## キームンのタンマップ

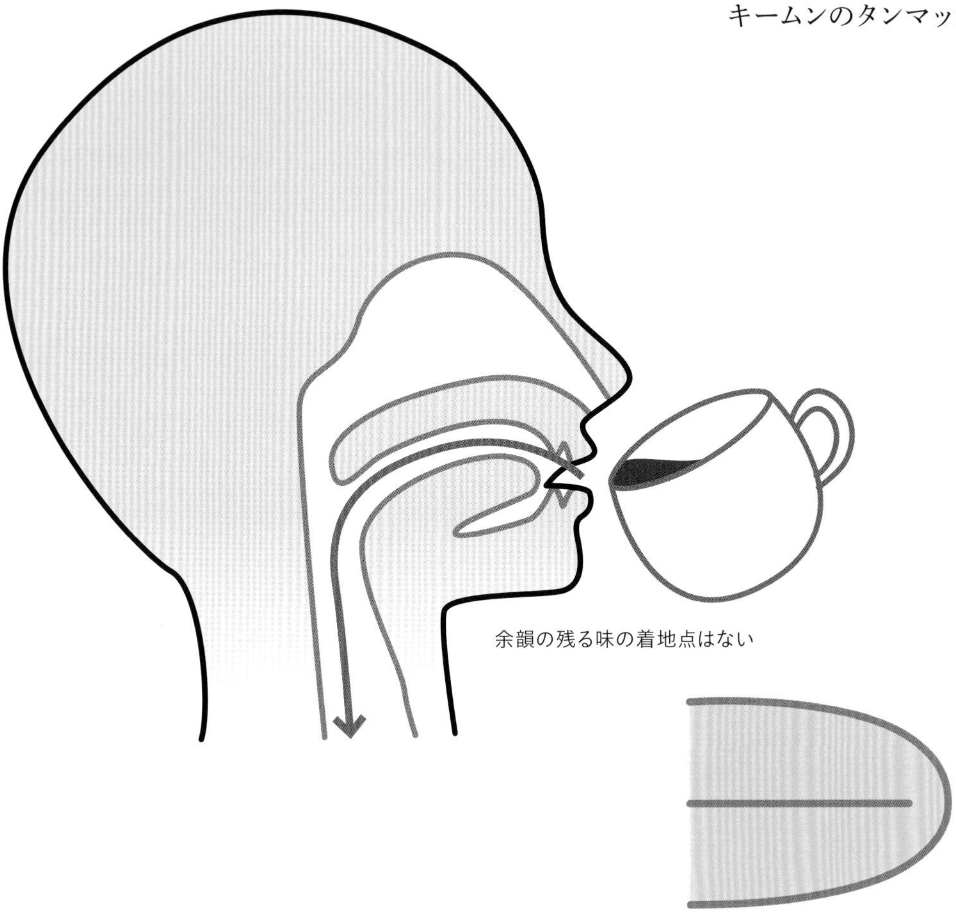


### キームンの舌へのアプローチ

ベルベットタッチのやや厚みのある口当たりで、口内に香りが広まり占拠して、すっかり消えてしまいます。余韻の残らないことがキームンの特徴です。まるで舞台から誰もいなくなったように風味が通り抜けるのは、癖がないのに癖になります。

### 食べ物との相関性

キームンの特徴の、酸味の少なく行き過ぎないスモーキーな風味は、燻製するとおいしい食材と相性がよいです。私はお芋や栗系のお菓子をいただくとき、戸棚からいそいそとキームンを取り出します。

### 原料

中国産

# ダージリン

## 商品No.27

ダージリンのスレンダーでロングテールな風味を生かしたブレンド。ダージリンらしさを追求しました。

分析：奥田政行

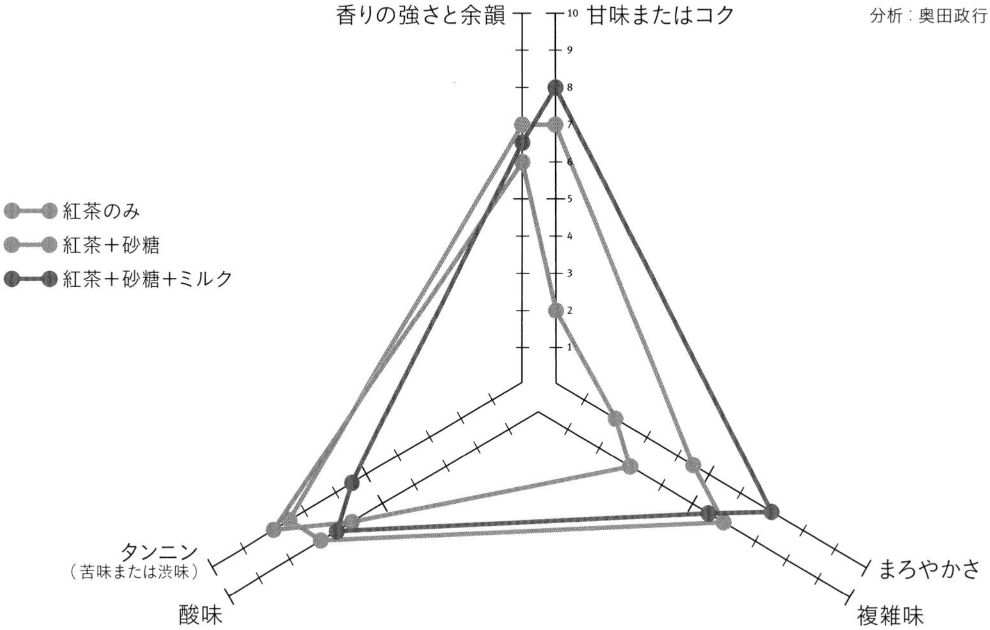


### 味の印象と合う味

**紅茶のみ**／苦味と渋味のさっぱりした味。舌の奥で物を食べるのに慣れている人が好きな紅茶。

**紅茶＋砂糖**／砂糖でバランスがよくなる。喉の手前にポイントを感じる。

**紅茶＋砂糖＋ミルク**／苦味と渋味が薄くなり、酸味が出てくる。バジルペーストが合う。

### ストレートで合う料理例

スイーツならばクッキー（コクをプラスする）

キスのフリット（油脂分を感じるコクの少ない料理）

## ダージリンのタンマップ

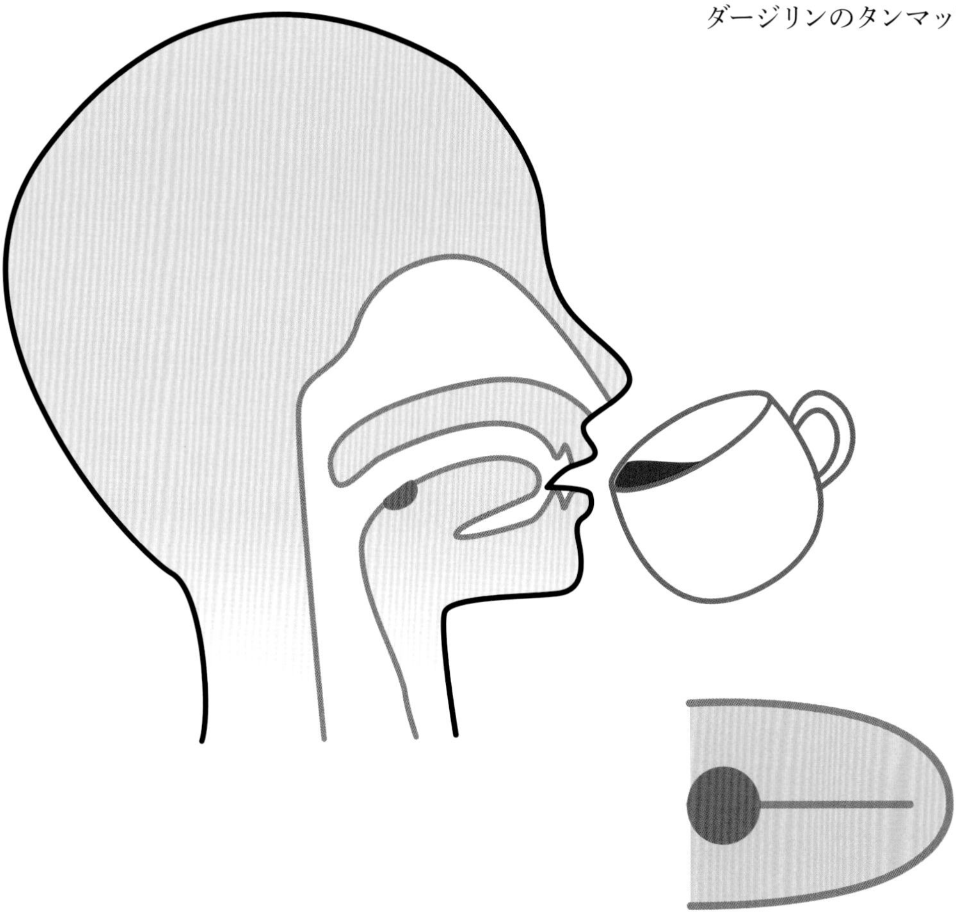

### ダージリンの舌へのアプローチ

シルキーな口当たりで、飲み込むと喉の手前に余韻が戻ります。酢の物や炭酸水、白ワインがお好きな人は好みますが、喉の奥へのアプローチに慣れていない方は好みません。この特徴から、好き嫌いが分かれます。苦手な方は薄めにして特徴を緩めてあげると飲みやすくなります。

### 食べ物との相関性

桜餅とダージリンは私の春の楽しみです。塩味とも相性がよいので、お塩だけのおにぎりはお米の糖質と反応して新鮮なおいしさとなります。

### 原料

インド産

# 月夜のかほり

## 商品No.28

日本のべにほまれ、べにひかり、べにふうきのブレンド。自然の力にゆだねて栽培した茶葉です。

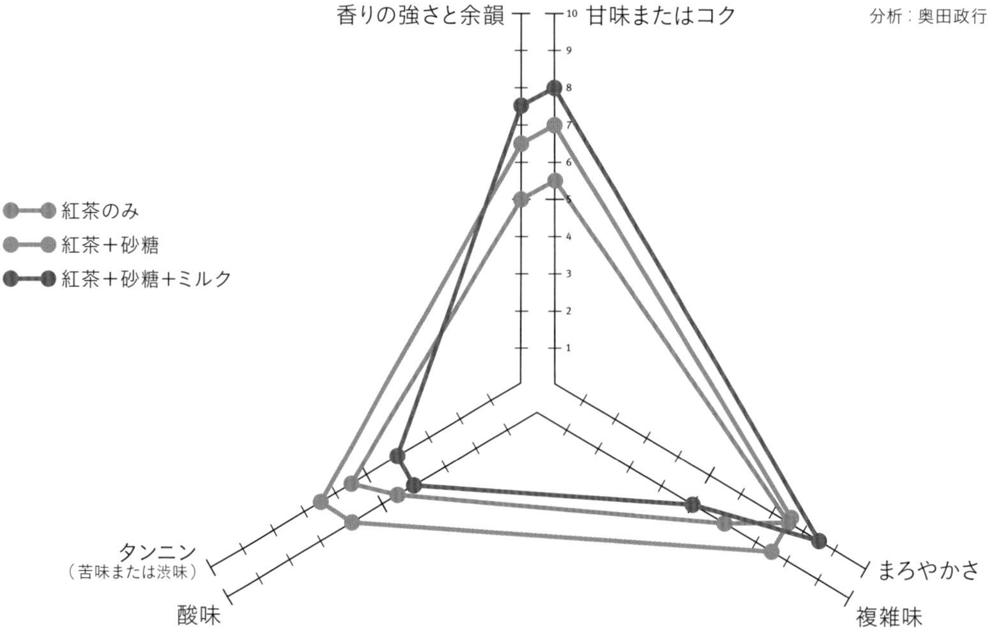


### 味の印象と合う味

**紅茶のみ**／バランスがよい。油脂分とコクと複雑味のある料理が合う。
**紅茶＋砂糖**／砂糖が入ると酸味が出てくる。バターケーキ、レーズンサンドなどが合う。
**紅茶＋砂糖＋ミルク**／ミルクが入るとキャラメルみたいになって、ボディが膨らむ。ナッティ感が出てくる。

### ストレートで合う料理例

味のある鶏肉のソテー（ブロイラーではなく地鶏、ジビエなど）
牛フィレ、和牛を合わせて、油脂でボリューム感を出して、ナッツ香を生かす。

## 月夜のかほりのタンマップ

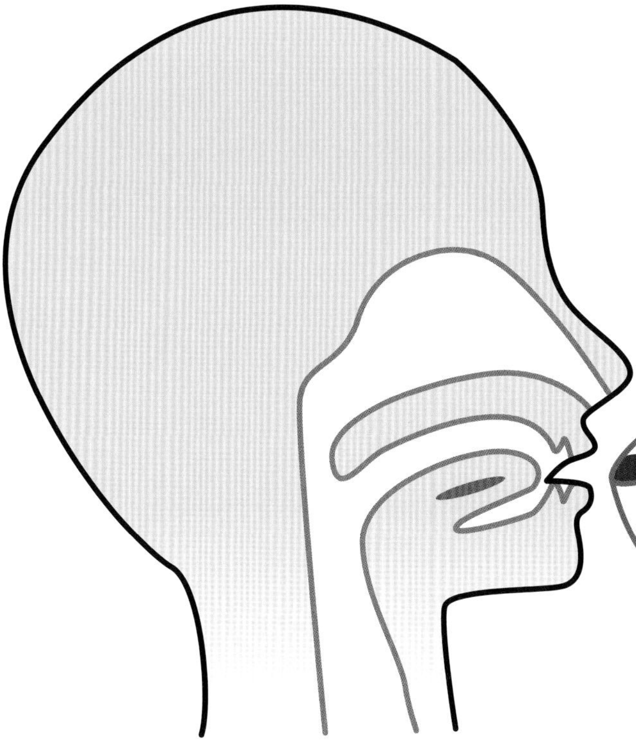

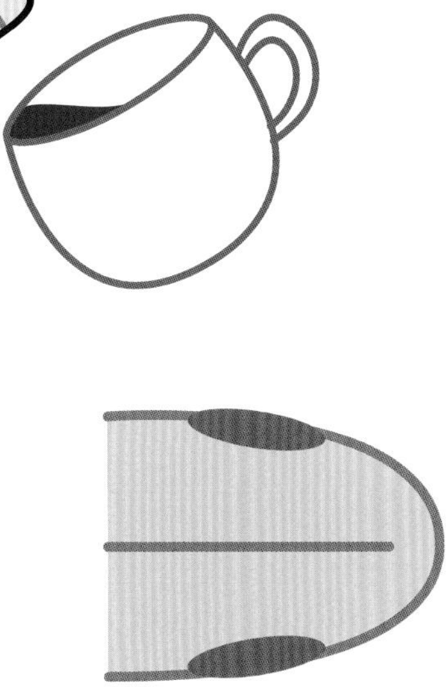

### 月夜のかほりの舌へのアプローチ

口に含んだとたんに風味が全体に広がり、飲み込んで喉を通過した後に戻る香りがグラマーです。余韻は両脇にしっかりと表れて、新しい紅茶産地「沖縄」産であることを教えてくれます。沖縄の茶畑は標高が低いため、上あごへの刺激は多くありません。

### 食べ物との相関性

砂糖、ミルク、と加えたときの変化が大きく、特にミルクティーにするとナッツフレーバーが出てきます。世界のどの産地とも違う原料の個性を生かしたブレンドです。

### 原料

沖縄産

SAKAI

# Chapter5
# 紅茶のあるテーブルの風景

紅茶がいれられて

キュウリのサンドイッチを作ることができたなら

お菓子が好きな友達に

「買ってきても、作ってきてもいいから」

とお菓子をお願いし

お花が好きな友達に

「買ってきても、摘んできてもいいから」

とカップに挿して飾る小さな花をお願いすれば

ティーパーティーの始まりです

我が家でお客様をおもてなしするときの

定番のティーフードは

もうかれこれ20年以上前のレシピ

懐かしく思っていただける方も多いかと思います

# 料理をおいしくする紅茶、紅茶をおいしくする料理

25年前、スリランカの紅茶会社の海外向け販売責任者と一緒に食事をしたときのことです。彼は、中国市場へ向けた展示会に参加していると話してくれました。

「今はまだ、中国では紅茶は売れない。でも経済が発展して国が豊かになるとその時期が必ず来る。だからその日のために、プレセールスをしているんだ」

どうして国が豊かになると、紅茶が売れるの？ と尋ねると、その答えはこうでした。

豊かになる前は、バターや生クリーム、チーズ、チョコレートが日々の食生活に登場する頻度は高くない。しかし経済活動が活発になり、そうした食材が輸入されるようになると、一般家庭でも身近な食べ物になってくる。口の中でリッチな食べ物が重なると、飲み物が欲しくなる。甘いもの、脂っこいもので満たされた口をさっぱりさせる飲み物、それが紅茶である。

GDPがあるラインを超えると最初に売れるのはワインと紅茶で、炭酸水がその次で…と経済発展とマーケットが開く時期の関係を私はそのときに教えていただき、また1つ紅茶の持つ役割を理解したのでした。

食べ物が豊かになるほど、紅茶が好まれる。紅茶が役割を果たすティーフードを考えてみると、意外と幅広いことがわかります。

紅茶のお供のクッキーやケーキは、砂糖とバターと小麦が主な材料ですから、糖質と油脂をたっぷり含みます。スコーンも同様で、クロテッドクリームやジャムをのせて、リッチになるほど紅茶との相性が高まります。

サンドイッチもパンの糖質とパンに塗るバターで合いますし、サラダはドレッシングが糖質と油脂を含み食材にチーズやハム、ベーコンが加わるほどに紅茶とよく合います。ローストビーフやグリルドチキン、ハンバーグも肉の油脂とソースの糖質で紅茶とよく合います。

洋食だけでなく、味に必要な要素がそろっていれば、日本の食べ物も、実は紅茶に合います。私は以前、とある旅館のおかみさんから相談を受けました。それは、今はウェブサイトでなんでも公開されている時代なのでお客様に感動をお届けすることがなかなか難しい、紅茶で何かサプライズができないだろうかというものでした。

私はそのおかみさんに、紅茶と油脂・糖質の相性の話をして、ご提案したのが紅茶のお茶漬けです。具材の一押しは、野沢菜漬け。

その旅館にはすでに油脂・糖質がしっかりとあるメインのお料理がありますから、そこは邪魔せずにそのままお楽しみいただいて、最後のしめに驚きをというアイディアです。ご飯は糖質ですし、野沢菜漬けには乳酸菌がありますから油脂の代わりに旨味としておいしさを引き上げてくれます。お米が一段とおいしく感じられて、後味もさっぱり。様々な味を楽しんだ口を最後に整えてくれるひと品になります。

和食では、油脂を使って調理することがあまりありませんが、焼き魚は脂がのったものほど紅茶がおいしくしてくれますし、お寿司も鉄火巻きなどマグロの赤身やトロと相性がいいです。

紅茶が糖質と油脂を持つ食べ物と相性がいいのは、その反対の性格の苦味を持つお茶だからです。この味のポイントを理解すると、何と合わせると紅茶が料理をおいしくしてくれるか、そして反対に料理が紅茶をおいしくしてくれていることもわかります。

あるとき、有名な果物の会社の仕事を引き受けました。果物の風味を生かす紅茶を探すために、私は高級果物店に行き、2万円分ほどの果物を買い込みました。持ち帰って早速、在庫に持っている原料紅茶との相性を1つずつ飲んで確かめました。

果物の味を前に出す紅茶を念頭に置きながらテストをすると、味は申し分のないリンゴを食べながら紅茶を飲んでも、合いはするけれど、おいしさが増すというところまでいかないのです。

特に香りの強い紅茶は、リンゴの香りを先取りしてしまうのでNG。さまざま試してわかったのは、紅茶とリンゴだけではおいしさは増さない、ということでした。それがわかったのは、薄くスライスしたリンゴにチーズのスライスをサンドして紅茶と一緒に食べてみると、口の中においしいという感動が生まれたからでした。油脂が入って初めて、紅茶とリンゴのおいしさを引き上げてくれたのです。

紅茶が食べ物をおいしくして、食べ物もまた紅茶をおいしくするしくみ。紅茶に携わる私が皆様に一番お伝えしたいのは、実はこのことです。

# キュウリのサンドイッチ

テーブルに並んだサンドイッチは時間とともに乾燥して、パサパサになっていることもありますが、その問題を解消するのがスプラウトです。カイワレやレタスの千切りでも構いません。上からかけると、パンの乾燥を防いでくれます。もちろん一緒に食べてもOK。キュウリは海の塩だと苦くなるので、必ず山の塩を使ってください。
このサンドイッチを作るときはいつでも、この食べ方を教えてくれたスリランカのマダムたちのことを思い出します。おもてなしの基本を教えてくれたマダムへの、リスペクトの気持ちとともにテーブルへと運びます。

**材料**

サンドイッチ用食パン …… 1斤
キュウリ …… 2本
岩塩 …… 小さじ1
黒こしょう …… お好みで
白ワインビネガー …… 大さじ1
バター（食塩不使用・室温に戻す）…… 適量
フレンチマスタード …… 適量
スプラウト …… 適量

**作り方**

1. キュウリをスライサーでスライスし、岩塩、黒こしょう、白ワインビネガーを加える。
2. パン半量の片面にバターを薄く塗り、キッチンペーパーでおさえて水分を除いたキュウリをのせる。
3. 残りのパンの片面にマスタードを塗り、2に重ね、耳を切り落とす。
4. 指2本分の大きさに切り分けて皿に並べる。
5. 上からスプラウトをたっぷり散らす。

# スコーンと簡単クロテッドクリームと季節のフルーツ

濃いミルクティーと合わせて召し上がっていただきたいのが、スコーンです。シンプルな食べ物なだけに、食材は少し良いものを選んでみませんか。タネを明かすと手間を省いたレシピですが、質の良い材料がそれをカバーしてくれます。スコーンの出来が80点でも、クリームやフルーツの甘味で味を完成させることができます。
材料を混ぜて、最後に牛乳で水分量を調整します。湿度が高かったり、いつもより卵が大きめだったり、水分多めのヨーグルトならば、牛乳の量を減らします。反対に、乾燥している日や卵が小さめ、水分の少ないヨーグルトというときは牛乳を多めにします。トータルの水分が170ccと覚えてください。何度か作るうちに、さじ加減がわかってきます。

**【スコーン】**

**材料**

小麦粉（強力粉＆薄力粉を半々）…… 225g
ベーキングパウダー …… 18g
岩塩 …… 小さじ1/2
グラスフェッドバター
（食塩不使用・室温に戻す）…… 50g
砂糖 …… 大さじ1
★卵 …… 1個
★ヨーグルト …… 大さじ1
★牛乳 …… 適量
（★の水分量が全部で170ccになるように）

**作り方**

1. 牛乳以外の材料を入れて混ぜ、最後に牛乳を少しずつ入れながら、調整する。
2. ひとかたまりにして2cmの厚さに伸ばし型で抜き、天板に並べる。
3. 200℃に予熱したオーブンで10分焼き、220℃に温度を上げて好きな色目まで焼く。クロテッドクリームと季節のフルーツ（生またはコンポート）を添えてお出しする。

**【簡単クロテッドクリーム】**

**材料**

生クリーム
（乳脂肪分の高いもの）…… 100cc
グラスフェッドバター
（食塩不使用・室温に戻す）…… 100g
粉砂糖 …… 50g

**作り方**

生クリームとバターをボウルに入れ、粉砂糖を加えて泡立て器で混ぜる。

# アイスレモン&アイスライム

アイスティーは濃くいれて、水で薄めて飲んでよい飲み物です。レモンとライムの氷を作れば、解けるに従って爽やかな香りと風味が加わって、味の変化を楽しめます。色も綺麗で、テーブルをカラフルに彩ります。
シロップは、人工甘味料などを使ったアイスティー用のシロップではなく、水にグラニュー糖を溶かしたものを使います。グラニュー糖が紅茶の味を一番ストレートにアップグレードしてくれます。

**【アイスレモン アイスライム】**

**材料**

レモン

ライム

水

**作り方**

レモンとライムをスライスして、水をはった製氷トレーに入れ、冷凍室で凍らせる。

**【手作りシロップ】**

**材料**

グラニュー糖 …… 1kg

水(2ℓ入りのペットボトル) …… 750cc

**作り方**

1. 水の入った2ℓのペットボトルから水を注ぎ出して、750cc分残す。(注ぎ出した水は他に使ってください)
2. 漏斗を使ってグラニュー糖をペットボトルの中に入れる。
3. 2に蓋をして振る。一晩置くと透明なシロップの出来上がり。

レモンなどの酸味の強い柑橘類は、本来は紅茶のタンニンと合いませんが、紅茶が薄い場合や弱い場合にレモンが風味を補う働きをしてくれます。私はホットではなくアイスティーで、氷が解けて紅茶が薄まった後半の風味を補う使い方をします。

# 紅茶の煮卵とペッパーチーズ

うっかり湿気らせてしまった紅茶は料理に使いましょう。まるでチョコボールのように見えますが、うずらの卵を紅茶で煮たものです。卵のタンパク質が紅茶のタンニンで硬くなり、弾力ある食感も満足なひと品に。しょうゆの量は好みで加減してください。
クリームチーズはお皿に広げたこしょうの上で転がすだけです。まな板を汚さないので、準備が立て込むティーパーティーにお勧めです。粗挽き黒こしょうは、詰め替え用の袋のものが手軽でお薦めです。

**【紅茶の煮卵】**

**材料**

うずらの卵（水煮）…… 20個ほど
紅茶の茶葉 …… 大さじ1
しょうゆ …… 大さじ1〜2

**作り方**

1. 鍋にうずらの卵を入れて、かぶるくらいの水を注ぐ。
2. 紅茶の茶葉としょうゆを入れて15分ほど煮る。

**【ペッパーチーズ】**

**材料**

クリームチーズ …… 1箱分（150〜200g）
粗挽き黒こしょう …… 適量

**作り方**

1. クリームチーズをさいの目に切る。
2. お皿にこしょうを広げ、クリームチーズを転がしてこしょうをまぶす。

OKINAWA TEA FACTORY

# 豚バラ紅茶スモーク

スモーク専用の道具がなくても、きっちり蓋のできるフライパンがあれば、自宅で簡単に紅茶風味の燻製肉ができます。
スモーク用の紅茶の茶葉は、大きめのものを選んでください。香料で香りをつけた茶葉は避けましょう。
紅茶の風味が加わったしっとりしたバラ肉は、油脂分があり、紅茶でいただくと香りが重なるので、さらに味わいが深まります。

**材料**

豚バラ肉の塊 …… 800g～1kg
岩塩 …… 大さじ1～2
スモークチップ …… 1/2カップ
紅茶の茶葉 …… 大さじ1～2
粒マスタード …… 適量

**用意するもの**

ガラス蓋のついた深めのフライパン
中に入る大きさの丸網

**作り方**

1. 豚バラ肉を扱いやすい大きさに切り、しばらく置いて常温になったら岩塩を擦り付ける。
2. フライパンにアルミホイルを敷き、スモークチップと紅茶を入れる。
3. アルミホイルを丸めてボールを3つ作りフライパンの端に均等に離して置き、丸網をのせる。
4. 丸網に肉を隙間をあけて並べ、ぴったり蓋をする。
5. 中火で20～25分加熱する。竹串を刺して澄んだ肉汁が出てくれば完成。
6. 厚さ1cm弱にスライスして、粒マスタードを添えて盛りつける。

*Collaboration*

# スイーツの味を高める紅茶

## パティシエ・ショコラティエ　辻口博啓さん

日本を代表するパティシエ・ショコラティエの辻口博啓さんが作るスイーツは、とても繊細な味の設計のもとに作られていることを感じます。材料の食材へのこだわり、作業工程、その全てを味覚で感じたいときに、紅茶があると、より豊かにその風味をキャッチすることができます。よい紅茶は、スイーツの味をよりくっきりと描き出してくれるので、組み合わせ次第でおいしさをアップグレードすることができます。今回はショコラのために作った紅茶と一緒に辻口シェフのボンボンショコラを味わいながら、紅茶について語り合いました。

*Profile*

辻口博啓（つじぐち ひろのぶ）

パティシエ・ショコラティエ
クープ・デュ・モンドなど洋菓子の世界大会で日本代表として数々の優勝経験を持つ。モンサンクレール（東京・自由が丘）をはじめ、コンセプトの異なる13ブランドを展開。スイーツを通した地域振興、企画のプロデュースなど、パティシエの枠を超えて幅広く活躍。

**内田**　もうずいぶん前になりますが、辻口さんのスイーツを代表する『セラヴィ』を初めて食べたとき、とてもおいしくて感動しました。後に人生をかけて生み出されたケーキと本で読み、その思いが込められた名前がついていることにまた感じ入り、今日こうして改めてお話ができるのが夢のようです。

**辻口**　人づてにご縁をいただいて以来、内田さんの紅茶レクチャーを何度か受けましたが、テイスティングをして感じた味から「標高が高い」とか「横に味が広がる」とか、紅茶にそんな見分け方があると知り驚きました。今まで何気なく飲んでいた紅茶は、こんなに奥が深いのかと。

**内田**　今日は辻口さんのボンボンショコラの中から3つのショコラをセレクトさせていただきましたが、味の着地点が全て違うということが、紅茶と一緒にいただくことでよりはっきりとわかります。

　たとえばこちらの「エクアドル75%」は、初めはフワ〜ッと想像どおりにショコラの味がして、その後シューッと一点に落ちていくんです。

　「ギャルソン」は、塩を感じるミルクキャラメルの味ですが、味の落ち方が舌の上に横に寝そべるような感じ。

　そして「リーニュ」はヘーゼルナッツのショコラですが、唾液が溜まるところに味のアプローチがある。ショコラだけでもこんなに違うものなのだと改めて思いました。

**辻口**　唾液が溜まるところに味が、なんていう表現がとてもおもしろいですよね。そういうのは、内田さんオリジナルの内田語録なのでしょうか？

**内田**　味をどう伝えようかと悩む中で、自分が感じていることを注意深く分析して、言葉に置き換えています。感覚を言葉に置き換え始めたことで、自分の中で感じられる味の違いがより具体的で、なおかつはっきりしてきて、そこからまた言葉が増えてきました。
**辻口**　そういう味覚の表現を聞くと、私の方もこれまで以上に味を鮮明に感じ取ることができます。どこで味わいを感じるとか、どこで余韻を感じるとか、明確に言葉で伝えてもらうと、僕らとしても味覚の幅を広げるのに非常に役立ちます。
**内田**　「ギャルソン」は舌の真ん中に、そうですね…ちょうどセイロンティーの味のアプローチ位置に、横にリボンをかけたようにしっかりした帯の形の味の余韻を残します。舌の上にこういう風に味が残るのは、素材を大切にされて作っておられる方のスイーツの特徴です。
**辻口**　このショコラは塩を入れてガナッシュをムース状にしています。
**内田**　ショコラを作っている会社はたくさんありますが、このように味がはっきりしているのは素材がよい証拠で、作り手の思いが伝わってきます。
　紅茶では、保管状態がよい紅茶を「ピントの合った写真」という言い方をします。味が鮮明で情報量が多いんですね。反対にピントのずれた写真というのは、情報が伝わりません。そういう商品は味も作り手の思いも伝わりにくいので、残念ですが心に残りません。
　どうぞ辻口さん、紅茶をショコラと一緒に口に含ませてみてください。これはショコラを食べるために作った「オールドアッサム」という商

品で、口をリセットしてくれます。ショコラを口に含んで溶けてきたら、紅茶をお飲みください。
**辻口**　ああ、わかります。口がリセットされる感じがあります。すっと口をクリアにしてくれる。
**内田**　はい。紅茶のタンニンが舌の上をリセットしてくれるので、甘さがすっきりとぬぐわれながらも、喉の奥からキックバックしてきた香りと味が、口の中と鼻腔と喉がつながっている空間にただよいます。
**辻口**　うーん、なるほど。
**内田**　酸味も返るし、ショコラの余韻の帯も舌の真ん中にキュッと寄せ集まる感じ。すごく面積の狭いところを攻めてきます。
**辻口**　飲み込んだ後に香りが鼻の奥に戻ってくると、もうひと口食べたくなりますね。
**内田**　紅茶があるとショコラは、2個目を食べたくなってしまいます。キックバックして鼻の奥ではかなく漂う香りが脳を刺激して、「もう一度味わいたい」と思わせるんですね。辻口

さんのショコラは、素材の味がはっきりしていて香りが強く持続するのでなおさらです。

味が鮮明だと、脳に訴える力も強い。ですから優れた素材を使ってお菓子を提供しているカフェが、よい紅茶に切り替えたら売り上げが上がった、ということはよくあります。

今、この紅茶は温度が下がってわりとぬるめですが、それでもこれくらいの作用がありました。これがより温度の高い紅茶だと、作用が急激になり、よりはっきりとした味の変化を感じられると思います。もちろんアイスティーでも、ショコラ好きにはいいと思います。

**辻口**　他にもショコラに合う紅茶はありますか?

**内田**　たくさんあります。私はセイロンティーだけで20ほどのブレンドのレシピを持っていますが、ショコラの個々の味に合わせて紅茶をセレクトすると、紅茶もショコラも、もっとおいしく感じられます。紅茶とショコラのペアリングですね。

たとえば「エクアドル75%」は口の上あごを上に押し上げるように刺激してきます。口の中で、上あごに向けて、放物線を描くような感じです。

こういう上あごにくるショコラの場合は、標高の高い山の紅茶を合わせるといいです。

**辻口**　もっと標高の高いところのセイロンティーだと、味がどう変わるんですか?

**内田**　ショコラも紅茶も、上あごを押し上げる味の軌跡なので、相乗効果が生まれて味をもっとはっきりと感じ取れるようになります。

私は味の印象を、ときおり服装に例えていますが、上半身の胸のあたりにボリュームがあって、下半身はすっきりしたドレスを着たような味になる、とでも言いましょうか。

今飲んでいるアッサムは酸味の方をやや強調していますけれど、標高の高いセイロンティーならば、カカオの風味がより高まるでしょう。

**辻口**　紅茶で味わいを変えることができるとは、おもしろいですね。

**内田**　「ギャルソン」ならば、ジャスミンの香りも合いますね。ジャスミンティーは、紅茶と同じ種類の木なので、紅茶とブレンドすると油脂と糖質をリセットしてくれます。ボディのすっきりした味にお花の香りをまとうと、お花畑に行ったような楽しさが生まれるかもしれません。ただしジャスミンティーのままだとショコラには合いません。紅茶とブレンドすることで初めてショコラをワンランクアップさせます。

**辻口**　紅茶について、こんな風に深いところまで言葉で表現してくれる人は、今までいませんでした。

僕もお菓子に対してすごくこだわりがあって、素材を追求して日本各地や世界を旅しています。素材に対して、お菓子に対して、語れるから作れる。

**内田**　紅茶も茶葉という素材の良し悪しで、紅茶としての品質が決まります。先週、台風の直後に茶摘みしましたが、とても素晴らしい紅茶ができました。

沖縄は台風の通り道ですが、台風の風に紅茶の木が揺さぶられると、抗酸化作用でアロマがより高まります。さらに台風が海の水を巻き上げて陸地に降らせますので、茶畑が海のミネラルを浴びるのですが、そうすると味がクッとまとまるのです。

**辻口**　そうなんですか！

**内田**　さらにその摘んだ日が満月だったのですが、満月の日に摘んだ茶葉は味のバランスが最高によいです。陰と陽のバランスがいいので、苦くもあり、甘くもあり、それでいて香り高い。偶然に、年に一度出来るかどうかという茶葉からそんな紅茶を先週作ることができました。

**辻口**　へぇ〜、満月と三日月の日では、味が違ってきますか？

**内田**　はい、いろんなパターンを試しました。満月、新月、上弦の月、下弦の月と作って味を比べると、満月の前後3日だけ味が違ったのです。

**辻口**　満月はいろんな作用がありますからね。朝と夜でも違いますか？

**内田**　はい。朝と夜は全然違います。朝はまったくだめです。紅茶は夕方です。紫外線が当たって、タンニン含有量が増した夕方の茶葉がおいしいです。

**辻口**　それは摘むタイミングが大切ということですか？

**内田**　はい。私の農園では、太陽と月が同時に出ているタイミングで摘んでいます。夕方の早い時間ではなく、日暮れ前の時間帯です。太陽がもうすぐ沈む頃になって、西日が横から差すと、新芽に生えている産毛が毛皮をまとっているかのようにはっきりと見えてキラキラと輝くんです。明るいときには見えなかったのに、その時間帯になると見えるんですよ。そしたらもう、欲が出て摘み続けちゃうんです。摘んでも摘んでも、手の先にまだたくさんあるその新芽は、畑一面を輝きで満たします。その光景が本当に神々しくて。

もう月が出たから帰ろうよ、帰ろうよ、ってみんなで口々に言ってはいるものの、誰も手を止めない。そのうちに日は沈んで、薄暗さが増していきます。すると月がだんだんと存在を増してくる。そうしてついた紅茶の名前が「月夜のかほり」になりました。

そんなわけで、葉の中のタンニンが紅茶ポリフェノールに転換するので、抗酸化作用が大切なんです。全てが緑茶と真逆です。

**辻口**　たしかに、緑茶はテアニンですね。朝摘むし、日を浴びせすぎない。

**内田**　はい、緑茶はアミノ酸ですから、紫外線に当たるのも、虫にかじられるのも嫌います。これに対して紅茶はアスリートのように土を痩せさせて、土地のテロワールを使って作るものなので、人間が極力何かするのを控えています。ですから肥料も農薬も使いません。

**辻口**　内田さんは紅茶に対する愛情とか、考え方がしっかりブレずにあるから、いろんな言葉で語れるのだと思います。私たちも紅茶をもっと深く知ることができたなら、紅茶の楽しみ方が広がると感じました。

　日本の食文化において、お菓子は、お茶をおいしく飲むために育ってきました。紅茶とショコラもマリアージュできるということは、この関係はさらなる高みを目指せるということです。

# 紅茶と相性のいいショコラ

辻口さんの数あるボンボンショコラの中から、紅茶と抜群の相性のショコラを見つけました。
セレクトのポイントは舌の先と真ん中、そして上あごへのアプローチです。

### エクアドル75%

エクアドル産カカオは、これまで出合ったことのない放物線を口の中で描き、舌に着地します。口に入り体温で溶け始めると、初めにイメージ通りのカカオの風味が膨らみ、続いて口の上あごをのぼり、わずかな酸味に引っ張られるように舌の中央に落ちていきます。

### ギャルソン

ミルクキャラメルの味に塩がきいているギャルソンは、ミルククリームと塩というまったくタイプの違う味がとても仲良くお互いを引き立て合って舌の中央にのります。そして風味は横向きに寝そべる。まるで舌の中央にリボンの輪をかけたような着地です。

### リーニュ

ヘーゼルナッツが入ったガナッシュです。カカオが体温で溶けて広がりガナッシュが歯にぶつかると風味となって返ってきます。着地は、舌の真ん中の唾液が溜まるところで、ふんわりカカオの余韻を残し、両脇にナッツが鎮座します。

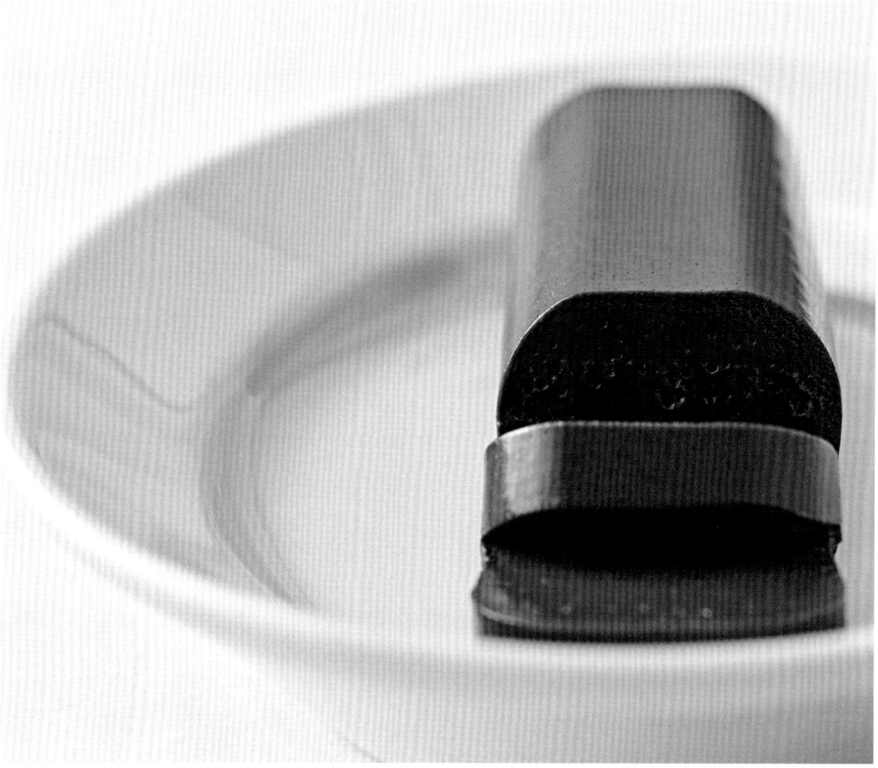

こちらはなめらかな舌触りと濃厚な味わいが魅力のモンサンクレールのテリーヌショコラ。紅茶と出合うことで、その持ち味がよりくっきりと描き出されます。

ひと口食べると、体温で溶け舌の上で無抵抗に広がります。そして香りが上顎にのぼり、舌の中央に帯状に落ちていく。幸福感に満たされる瞬間です。こうした豊かな香りが口の中を広く満たす贅沢なスイーツには、舌の前半と上顎のアロマを受け止める放物線を描いてくれる紅茶が必要です。

粘着性の高いリッチな食べ物は、アプローチが舌の先と前半分なので、合う紅茶はアッサムと思われがちですが、風味は上顎に上り、着地点の余韻は舌の中央に来るので、ハイグロンのセイロンティーや上質なキームンが最適です。

# 紅茶と料理のペアリング

ワインと料理の関係性の中に味のマッチングを図ることをペアリングと言いますが、紅茶も同じ作用を持ちうることをご存じでしょうか。

ワインのタンニンは、料理の油脂分を切ったり、口をリセットしたりしてくれますが、紅茶にもタンニンがあり、ワインと同じ役割を担ってくれます。私のようにアルコールの弱い人や、体質的にまったく飲めない人は、レストランで食事をいただくときの飲み物のセレクトの幅がとても狭いのが現状です。

もし紅茶をメニューのリストに入れていただくことができれば、それはお酒を飲めないお客様にも食事の楽しさを大きく広げてくれるのです。私がご提案したいのは、紅茶と料理のペアリング。紅茶も産地別でご用意いただくと、ワインのように料理に合わせた提供ができます。紅茶の味の解析をしていただいた奥田政行シェフに、料理と紅茶のペアリングをお願いしました。

**内田**　奥田さんは料理とワインを合わせるときには、どのようにワインを選ぶのでしょう?

**奥田**　私は、イタリア料理のスタイルで、日本の食材で料理を作りますが、日本の食材はみずみずしくて香りがあるので、それを消さないためになるべく旨味で覆うソースを使いません。基本は塩とオリーブオイルで、加熱の仕方を工夫して動物性タンパク質と野菜を組み合わせることでお互いに足りないアミノ酸を補い合い、味を共鳴させてシンプルに料理を作っています。そんな料理にワインを合わせるときには、ワインをソースと位置付けて、料理をひと口食べてそこにワインを流し込んだときに味が完成する、という考え方のもとに料理とワインを組み立てます。

**内田**　ヨーロッパの文化の中では、ワインは口の中の油脂分を切ったり、口をリセットするために飲むので、どちらかというと料理を飲み込んでからワインで口をゆすぐような感じです。そうではないということですね?

**奥田**　はい。食材に足りない味をワインによって補います。これを「デコちゃんポコちゃんの関係」と呼んでいます。お互いに欠けているところを埋め合うので、つまりは相思相愛の関係です。この組み合わせを探すのが料理人の私の仕事と言ってもいいくらい。難しいなぞなぞなんですけれど、完璧な組み合わせを探すのは楽しくて、スイッチが入るんです。

**内田**　ワインを紅茶に置き換えたときにはどのようになりますか?

**奥田**　紅茶はアルコールを含まないので、香りの膨らみ方はワインに比べると小さいですが、ワインと同じように紅茶もタンニンがあり渋味や苦味を持つので、料理との関係において味の設計を考えることができます。今回は紅茶を主役にするために、紅茶の味を基に料理を作りました。こういうときは料理をシンプルにして、料理の味のボディを紅茶よりも小さくすることで、紅茶のおいしさをより感じさせることができます。

**内田**　紅茶には、料理をおいしくする作用がありますが、今回作ってくださったお料理を紅茶とペアでいただいて、料理によって紅茶も変化して今までにないいろんな表情が出てきて、紅茶のポテンシャルの高さを改めて実感しました。

**奥田**　完璧なペアリングを目指すならば、料理の味を完成させないことがポイントです。今回作った料理も、味はわざと未完成にしてあります。紅茶の味の特徴に合わせて、料理の味をわざと凹んだままにする。そこに紅茶の味が入り込んだとき、食べた人は味覚と頭で同時に満足感を得るんです。

## 奥田流
## ペアリング理論

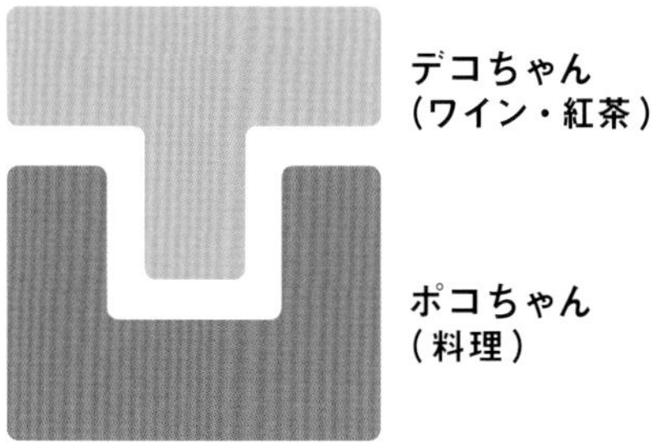


**お互いに欠けているところを**
**埋めあって完璧なおいしさを作る**

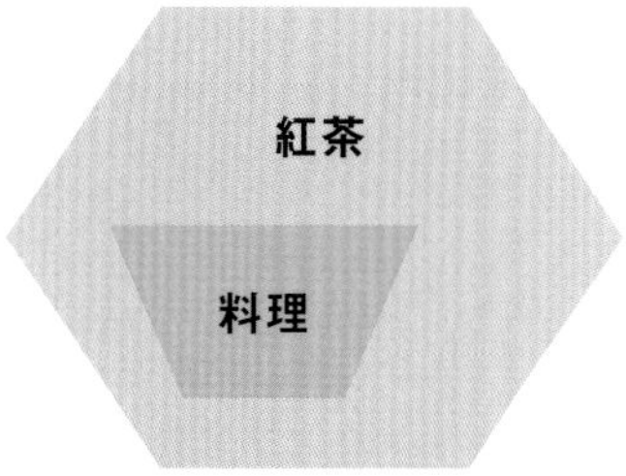


**紅茶を主役にするために**
**料理の味のボディを**
**紅茶のボディで覆うように**
**味を組み立てる**

料理をひと口食べて、3回かんだら、口の中の料理はそのままに自分の親指の先ぐらいの分量のワイングラスに注いだ冷たい紅茶を口に含む。口の中で料理と紅茶が交わって、料理の温かさと自分の舌の体温で紅茶が温まることで味が変化して、完成形の味が口の中で生まれる、となるように逆算して料理を作っています。

# 紅茶と料理の味の相関図「味覚チャート」　奥田政行

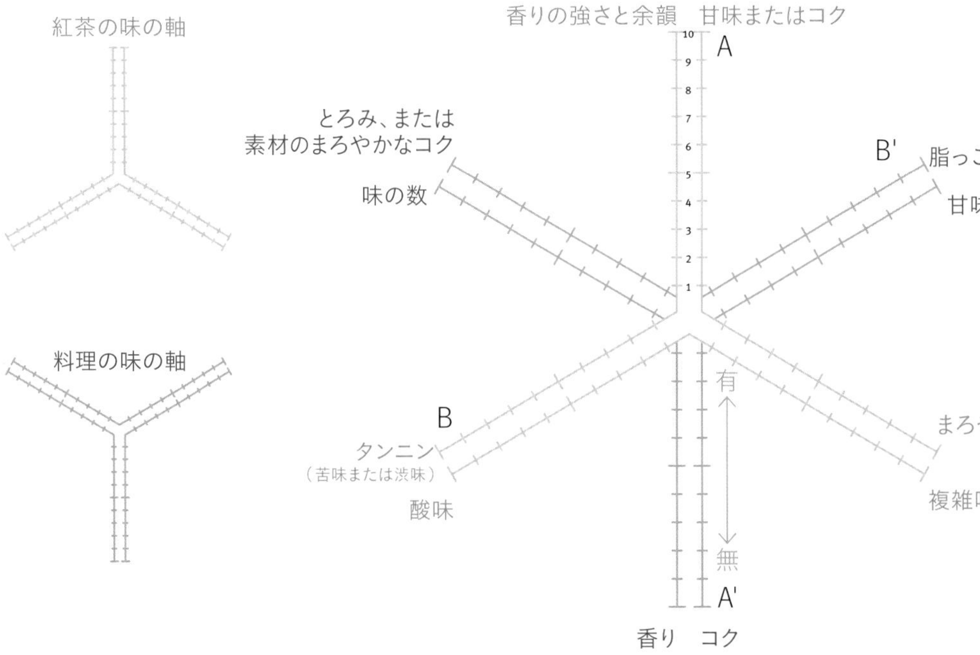


料理と飲み物のペアリングを考えるときに使う、私独自の味の相関図です。味覚チャートと呼んでいます。

オレンジ色が紅茶の味の軸で、青は料理の味の軸です。今回は紅茶が主役ですから、まず初めに紅茶を試飲して味を分析し、オレンジ色の軸にそれぞれ点を打っていきます（①）。

ダージリンなら「甘味やコクがないから2だな、香りはやや強めだから6だな」という具合です（人に惑わされずあくまでも自身の感覚を大切にしてください）。すると、「香りが強くて、渋みがあり、味の数は少ない紅茶」と紅茶の味の特徴が言葉になってより明確になります。

次に、Aの反対側の青い料理の味の軸A'に、同じ数値に点を打ちます（②）。対極の座標軸には、「対比」または「同化」する味の指標を入れています。

紅茶の6つの座標軸それぞれの、反対側の軸に点を打ち、結んだ線が料理の味の特徴を表しています（③）。

この料理の座標軸に現れた味の骨格から、「油脂分を持つ料理で、甘味とコクがあり、香りもそこそこある料理」と、この紅茶に合う料理の味が浮かび上がります。

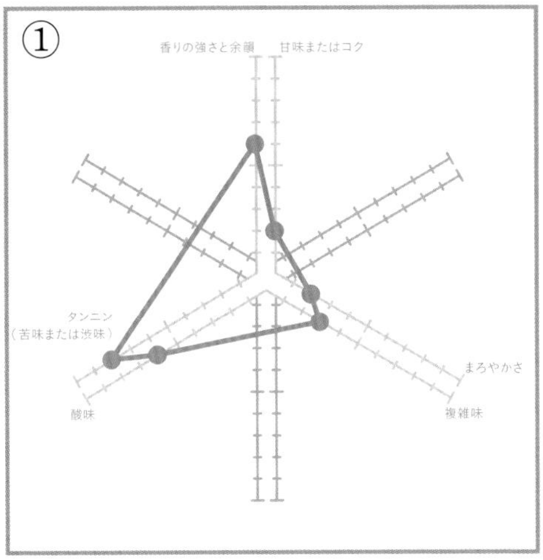


ダージリンはタンニンが多いので、苦味と渋味が特徴の紅茶ですが、それだけでは他の紅茶との違いを明確にできません。ペアリングでは、甘味や香り、まろやかさといった渋味以外の味の指標も自分の中に持つことで、どんな味のバランスの紅茶なのか、イメージを明確にします。

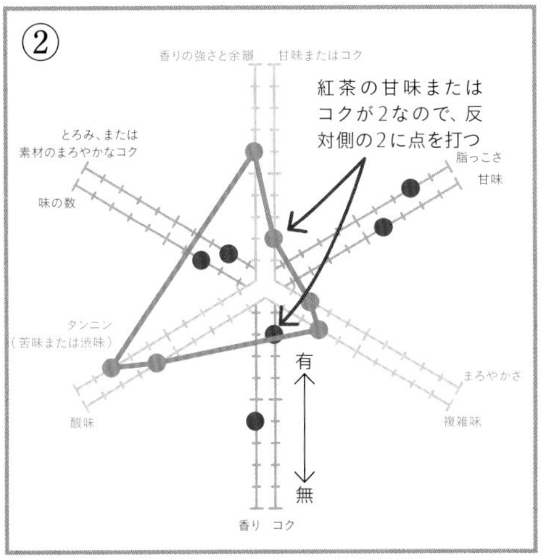


紅茶の座標軸の反対（例えばAに対するA'）には、それぞれ対比または同化する味を書き込みます。「甘味またはコク」に対しては味が同化する「コク」、「タンニン（苦味または渋味）」に対しては味が対比する「脂っこさ」を置きました。そして紅茶の数値を基にして、それぞれ反対軸に、同じ数値の点を打ちます。今回は紅茶が主役ですから、コクのある紅茶には料理のコクは控え、コクのない紅茶は料理でコクを補って紅茶をよりおいしく感じてもらいたいと考え、料理のコクの目盛りを反転させました。

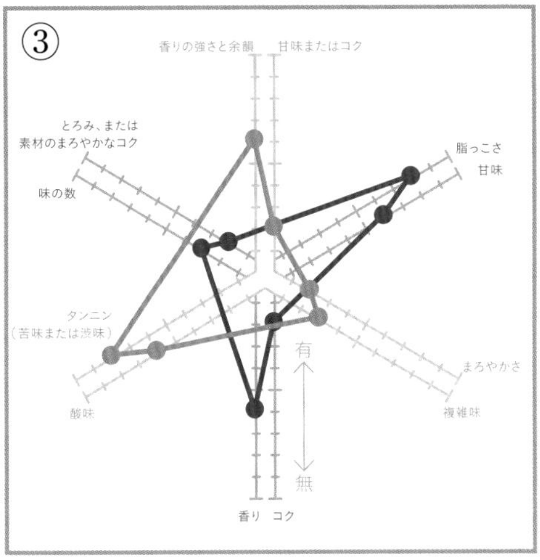


料理の軸に打った点をつなぐと、この紅茶の味にぴったりの料理の、味の骨格が浮かび上がります。文章にすると、「油脂分を持つ料理で、甘味とコクがあり、香りもそこそこある料理」。料理の特徴が言葉で明らかになったら、頭の中でこの言葉に当てはまる料理を考えます。今回は生クリームを使った魚介のフリットにしましたが、答えは1つではありませんから、同じ味の骨格の料理を皆さんも考えてみてください。

## 紅茶と料理のペアリング実践編

味の組み立て方がわかるとペアリングは難しくありません！

# ダージリン
# ×
# じゃがいもと生クリーム入りホワイトソースと合わせたタラのフリット

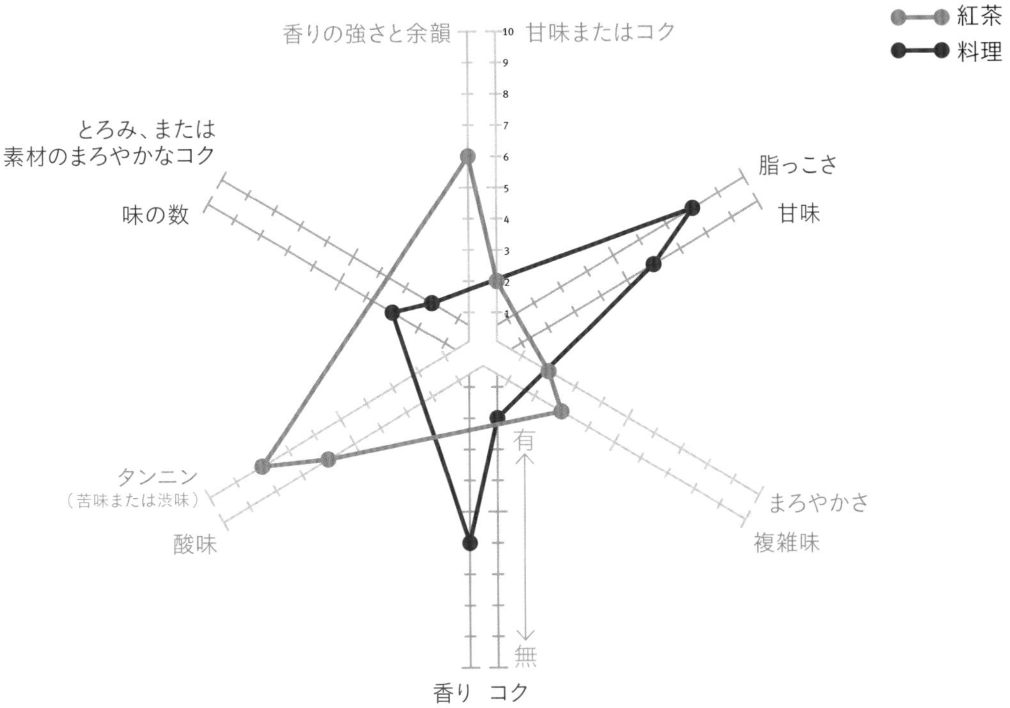


**奥田**　ダージリンは苦味と渋味がやや強く、コクがないので、油脂分のある料理が合います。やや ある酸味に対しては、じゃがいもと生クリームの甘味でバランスを取りました。香りもそこそこ余韻があるので、オレガノをほんの少し上からかけて、紅茶の香りの余韻とオレガノの余韻をそろえました。ホットにしたのは、衣に含まれる油脂分を流動的にするためです。

**内田**　ひと口ダージリンを飲んで口をさっぱりさせてから、フリットを食べてそこに紅茶を流し込むと、フリットの油脂分を熱い紅茶がリセットしてくれます。フリットの中に入っているクリームソースが口の中で紅茶に溶けると、ミルクティーの味になってくれるのが楽しいですね。

**奥田**　フリットの味はわざと未完成にして、ダージリンの苦味を加えることで、フリットのフラフラしている味に、味の柱を建てています。

# ヌワラエリヤ
# ×
# ウニのクリームソーススパゲッティ

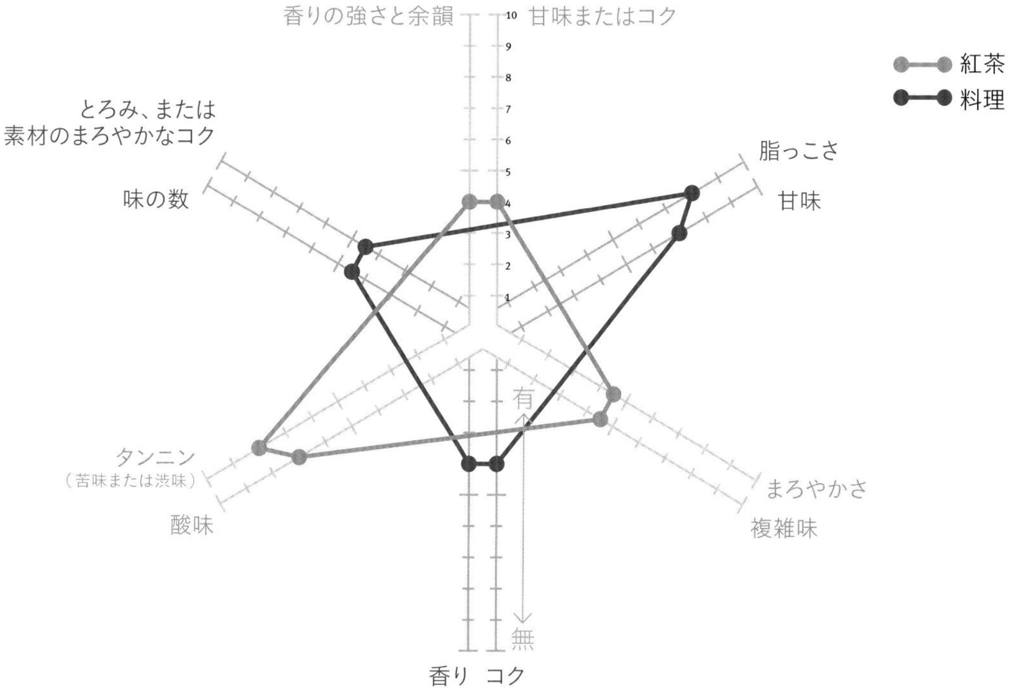


**奥田**　ヌワラエリヤの苦味と渋味が、濃厚にした生クリームをさっぱりとさせ、ヌワラエリヤの酸味はソースにわずかに入れたトマトジュースの酸味で覆い隠すことで、ウニの甘味が前面に出てきます。紅茶自体の味がシンプルなため、料理もシンプルに仕上げました。

**内田**　ヌワラエリヤは口の中の上あごを刺激します。ウニは、頭の脳天に上がってくる強い香りがあるので、そのウニにヌワラエリヤを合わせてくるところが見事な組み合わせです。

**奥田**　紅茶、パスタ、紅茶、という順番で口に含んでいくと、ウニがヌワラエリヤと溶け合ってすーっといなくなり、そして口にはウニのぽっくりとした温かみのある味が残ります。

**内田**　ヌワラエリヤがパスタのクリームを脱がせるので、小麦の味が最後に感じられて後味がすっきりします。私のようにお酒が飲めない人は、濃厚なソースの料理を炭酸水でいただくことが多いのですが、紅茶は優しくワインの代わりをしてくれるのがこの料理でわかります。

# キームン
# ×
# 香ばしく焼いてマカダミアナッツオイルをかけた マルズワイガニ

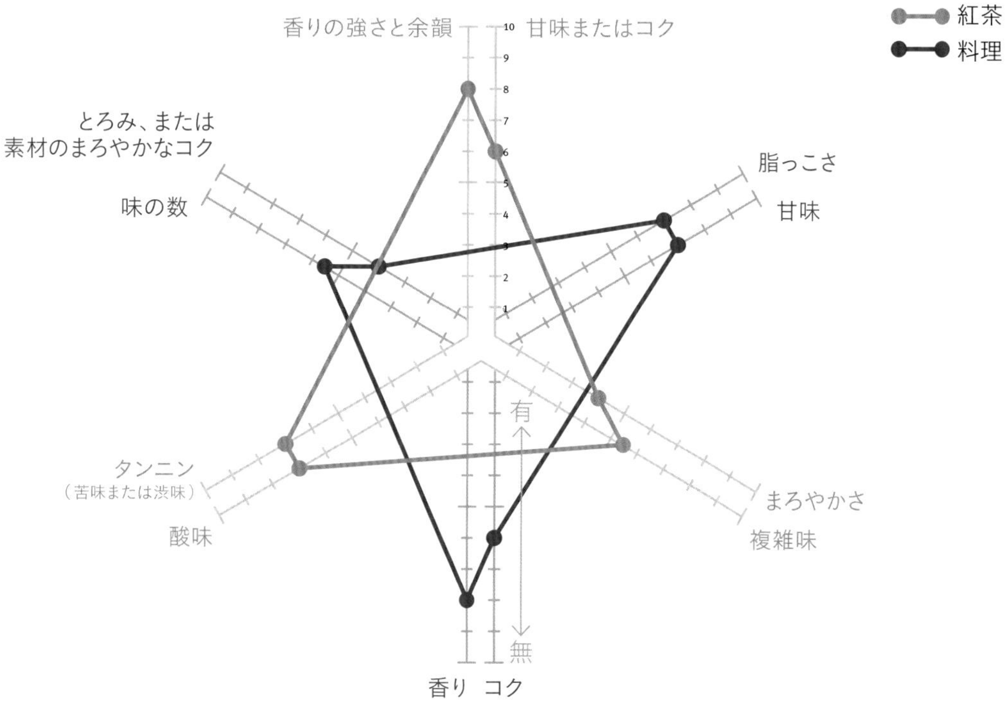


**奥田**　キームンは香ばしさを持つ紅茶なので、カニを炭火で焼いて香ばしさで手をつながせました。キームンの苦味は、同じく苦味を持つマカダミアナッツオイルを組み合わせることによって輪郭を丸くしています。また、カニが持っている独特の匂いをキームンが消してくれます。

**内田**　このキームンは口の中に余韻の長い、ロングテールな紅茶。ですからカニのような香りの強い食材にも長く寄り添ってくれます。

**奥田**　この茶葉をざるでふるって、下に落ちてきた粉をカニに振りかけています。食べたときにキームンの香ばしさとカニの香ばしさの相乗効果がさらに高まります。

**内田**　カニは焼きすぎると硬くなる。それをキームンを散らすことでスモークしたように味を感じさせながらも、カニのやわらかさを楽しめるという料理になっています。

# セイロン
# ×
# カシューナッツのフズィッリ

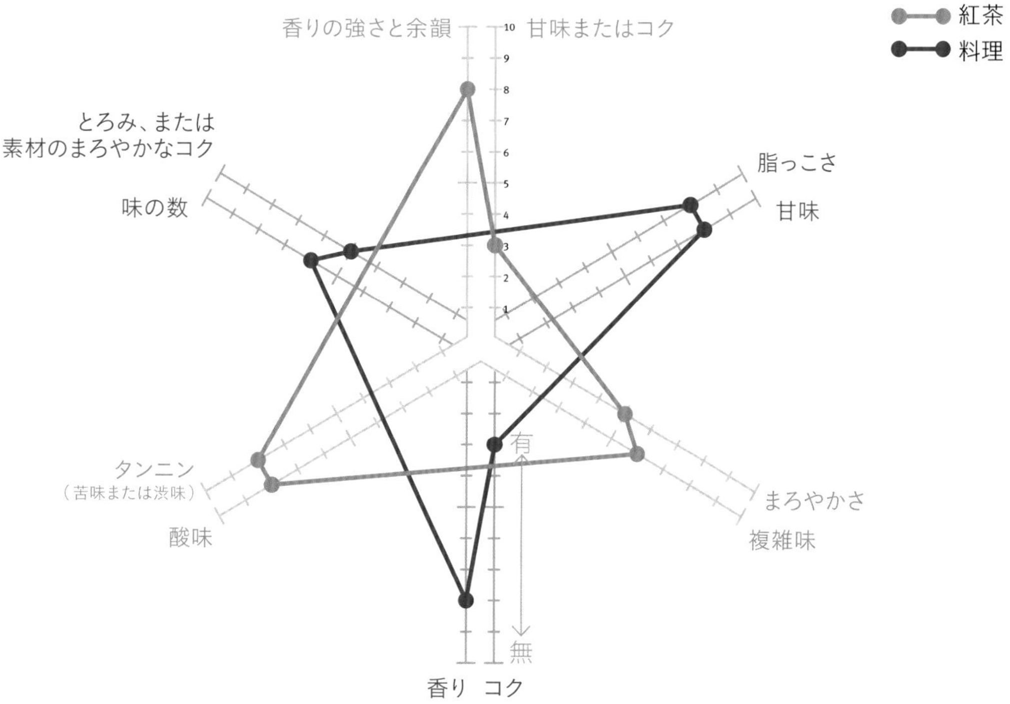


**奥田**　セイロンティーは飲んだときに、口の中にナッティな香りが漂います。まるでヘーゼルナッツを焼いて薄皮をむいたときのような。そこで、カシューナッツのペーストのパスタにしました。パスタが口の中にあるうちに、セイロンを飲んでください。初めにナッツの濃厚な味がスッと切れて、続いてカシューナッツの味が、薄皮のついたカシューナッツをローストしたような香ばしさに変化します。

**内田**　このお料理は紅茶と一緒に食べて飲み込んだときに、ナッツがキックバックして鼻の奥に返ってきます。ナッツがこんなに入っていたの？ と感じてしまうほどです。このセイロンは、ヌワラエリヤと違ってパスタのソースを脱がしません。逆にソースが、紅茶の香りを高めてくれますね。

# アールグレイ 砂糖入り
# ×
# オイルで香ばしく焼いた鮭と鮭のだしを少しだけ利かせたクリームソース

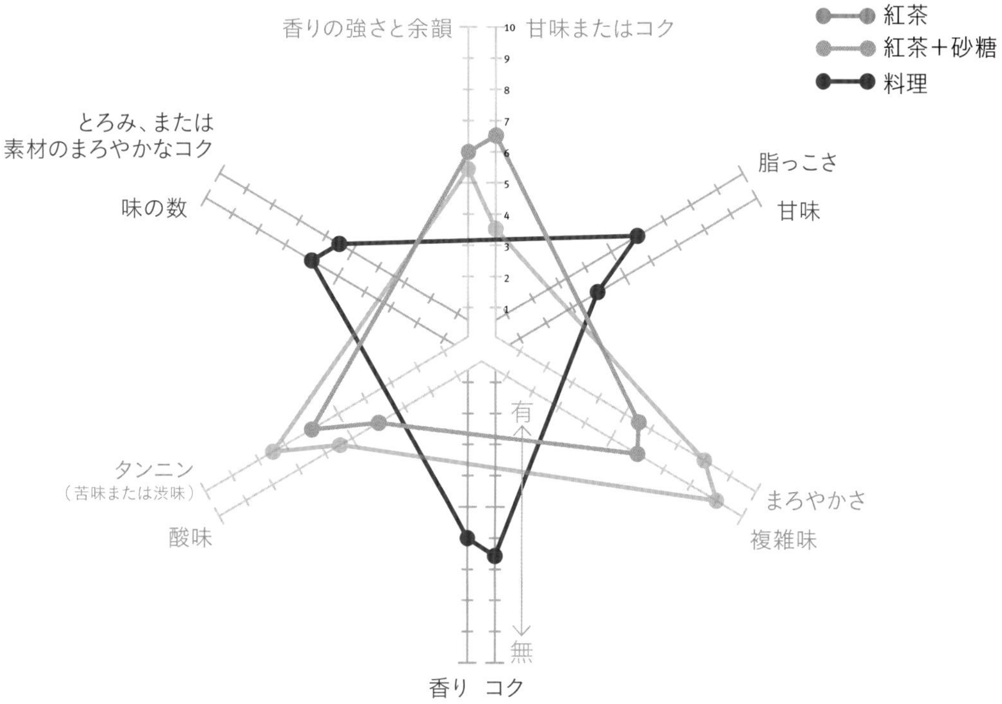


**奥田**　アールグレイはストレートだとややバランスがいびつなんだけれど、砂糖を入れると味が締まってバランスの取れた味になります。クリームソース3に対してアールグレイ1の割合で口の中で交わるように食べてください。

**内田**　奥田さん、これはおもしろいですね。アールグレイにお砂糖が入ることで魚の野性味がすっとなくなって食べやすくなっています。もしこれに砂糖が入っていないと、魚の皮の味が前面に出てきてしまうでしょう。ソースと紅茶が口の中でミルクティーになって、豊かな一体感が生まれます。

**奥田**　これ、自宅でも作ることができますよ。サーモンを買ってきてフライパンで焼いて、ソースはマヨネーズに牛乳を入れてのばして出来上がり。ぜひお試しください。

# 月夜のかほり
# ×
# 木の実を食べている猪のロースト

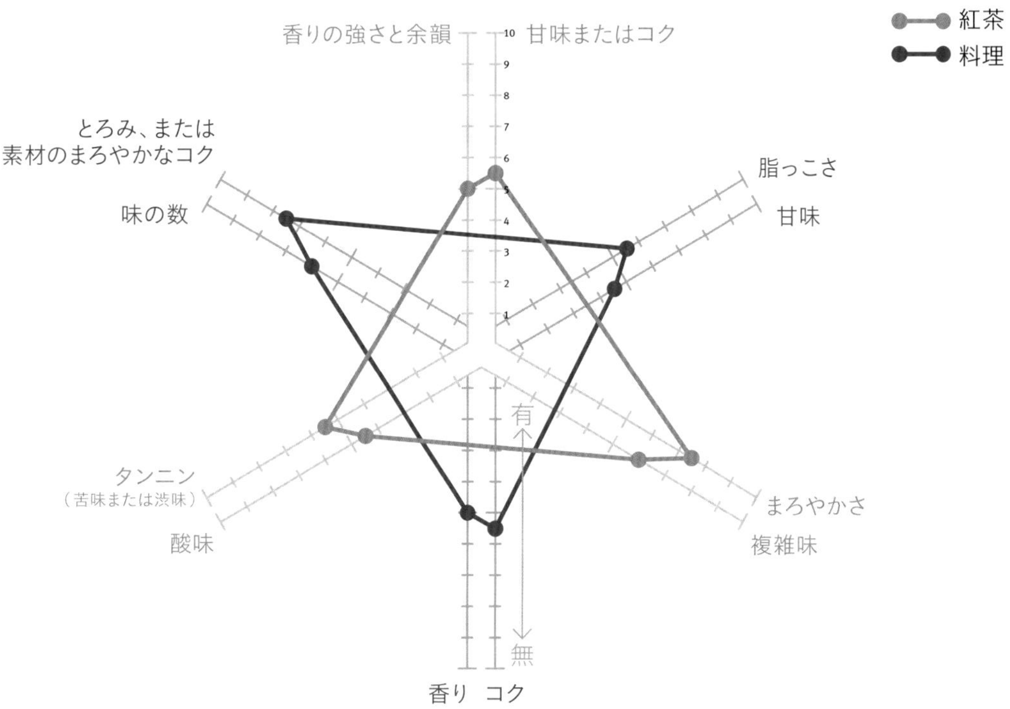


**奥田**　この紅茶は味のバランスがとてもよいので、同じく味のバランスのよい、猪のスペアリブを合わせました。塩もしっかり振って完璧に焼いています。ただ一点、料理としてはタブーですが、口の中で紅茶を含んだときにちょうどよくなるように、パサつかせて焼きました。

**内田**　お肉をかみ締めて出てくる脂が、紅茶に出合うとアロマになって口に広がる。紅茶のタンニンでほぐれて、かめばかむほど食べやすいお肉になっていきます。

**奥田**　どんぐりを食べている猪の肉は、味の数が多く、まろやかな脂肪の味がします。この味が紅茶のまろやかさと交わって、まとまっていきます。

**内田**　お肉と紅茶の組み合わせは、皆様にも日常的に取り入れていただきたいですね。試しに水を飲みながらお肉を食べて比較してみるとわかります。水では肉、塩味、油脂分それぞれの味がばらばらになりますが、紅茶ではひとつにまとまります。

# *Chapter6*
# 紅茶の導入例

紅茶がご縁を運んでくれて

私にいろいろな方との出会いをもたらしてくれます

同じお店は1つもなく

導入時には可能な限り紅茶研修を行い

おいしいいれ方をお手伝いします

せっかくよい紅茶、お役に立てる紅茶を購入いただいても

上手に活用できなければそれはとてももったいないこと

あるときはアイスティーの風味がなかなか決まらず

5時間かけてオペレーションを作りました

そうした課題が情報のアップデートにつながり

次の仕事に生かされます

紅茶がおいしいと言われると

私たちも受け入れていただけているようで嬉しくなります

## カフェ、コンビニ、食品メーカーでのお手伝い

飲食業界の方より、紅茶の活用についてご相談を受ける機会をたびたびいただいてきました。問い合わせがあれば、できるだけ現場に出向きます。

使用される水、茶器、オペレーションを確認してヒアリングさせてもらい紅茶導入の目的を定めます。店のスタイルがカフェかラウンジか、あるいはレストランなのかなど、店舗の形態に合わせて提案します。

導入する紅茶は、可能な限り現場の方とともに選びます。選ぶプロセスで紅茶のディテールへの関心が高まり、知識が増えること、そしてご自分たちで選んだ紅茶であることで販売時の熱量が上がることがねらいです。

紅茶を私どもの商品に切り替える場合は、テイスティングカップを２つ並べ、これまでの紅茶とこれからの紅茶を飲み比べます。どのくらい変わるのかを知るところからスタートして、お砂糖・牛乳と負荷をつけたときにどう変化するのかを確かめていただきます。紅茶の力を知ることで、その後のメニューの組み立てに活用いただきます。

私が出向けるのは毎回とは限りませんが、効果が高いのは、導入期と、問題が起きたときです。「紅茶のことはわかっているから大丈夫」と言われる場合もありますが、小さな問題の解決が、店の売り上げを押し上げることがあります。

例えば、ある有名な果物会社の紅茶を何年間かお手伝いさせていただきました。このときは私もずいぶんと果物と紅茶の関係を勉強しましたが、そのお店が扱っている果物は国内で生産される中でも特においしいイチゴやリンゴでしたので、たくさんのテイスティングの結果、果物よりも香りのよい紅茶は果物をおいしくさせないことがわかりました。

その結果、そうした紅茶をメニューから抜いていただきました。果物の香りを引き立てる紅茶は、香りが柔らかくボディと色のはっきりとしたタイプだという結論に至り、導入していただきました。

結果はすぐに数字に出ました。常日頃からよい味を求めるお客様のいらっしゃるお店ほど、早く反応が出ます。導入後すぐに紅茶がおいしくなったとのお声も店頭で聞かれ、スタッフの皆様も嬉しそうです。お料理やケーキは厨房の仕事で、ホ

ール担当者は運ぶだけの役割となりがちですが、自分がいれた紅茶がおいしいとほめられることは喜びに変わりますので、ホールの方にいれ方を学んでいただくことを研修の初めにいつもしています。

また大阪では、スフレタイプのパンケーキのお店をお手伝いしました。厚さのあるパンケーキは上下には火が入っていますが、サイドはレアな状態になります。これを生焼けとお客様に言われると、作り直す作業が発生します。

パンケーキが生焼けと感じるのは、飲み物のリセット力が弱いためです。ですからボディのしっかりしたタイプの紅茶を合わせれば、クレームはなくなります。

スタッフの皆様とテイスティングしながら、段階的に食べ合わせてどの紅茶がパンケーキのおいしさをより引き立てるかを見つけ、導入いただきました。今ではそのお店はタイやシンガポールにも出店し、私どもの紅茶も一緒に遠い国でパンケーキのおいしさを伝える役割を担っています。お役に立てて嬉しい限りです。

沖縄では地元の沖縄明治乳業と商品開発を一緒にさせていただきました。最初に取り組んだのは、沖縄限定で販売するオリジナルドリンク。ご家庭のおにぎりは緑茶が合いますが、コンビニのおにぎりは油脂がリッチなためアイスティーでさらにおいしくなります。揚げ物も同様で、リッチな食べ物で口が重くなるところを紅茶がリセットしておいしさを持続させます。

このときはコンビニエンスストアの商品に適する原料を集め、オリジナルブレンド原料を作り、納めさせていただきました。琉球紅茶レモンティーや、紅茶を原料として混ぜ込んだアイスクリームなど、季節限定販売の商品を作れたのも、女性の開発チームが紅茶への関心を持ちチャレンジしてくださったおかげです。

良質な原料紅茶を作ることができる沖縄で、地元企業に取り組んでいただけることほど嬉しいことはありません。

紅茶本来の役割を知れば、焼き肉やステーキに、揚げ物に、パスタに、サラダにと紅茶の活用はさらに広がります。その全てが「紅茶は主役ではなく脇役で、一緒に食べる食べ物がおいしくなる」という着眼点から始まります。　　（敬称略）

# ホテルのおもてなしを彩る紅茶

私は拠点が沖縄で、月に1度、東京に出張で滞在しますが、そのときに泊まるシティホテルやビジネスホテルで残念な思いをすることがあります。たいていのホテルのドリンクコーナーには湯沸かし器とコーヒーとともに紅茶のティーバッグが置かれていますが、飲んでみるとほとんどの場合、その味は私をがっかりさせるものです。紅茶の品質や保管の仕方から、そのホテルにとって紅茶のプライオリティが低いことがわかります。

あるビジネスホテルの支配人は、紅茶のことを「爪楊枝と同じで1円でも安いものがよい」とおっしゃいました。ホテルの居心地のよさを演出できる機会を逃しておられ、もったいないと思います。

リゾートホテルでも、こんなに素敵なリゾートホテルにどうしてこの紅茶を？ということがあります。世界的にも名高いホテルで建物や客室のしつらえ、調度品、スタッフの皆様のおもてなしは申し分ないのに、紅茶のセレクトが釣り合わない。あるいは、セレクトはよくても、保管の仕方のせいで味が落ちてしまっている、ということが少なからずあります。

名のある紅茶が置いてあり、嬉しくなって早速いれて飲んでみると、湿気ている味がしてがっかり、ということも。コーディネーターの紅茶選びまではよかったけれど、おそらく日々の管理を行うスタッフの、紅茶に関しての知識が十分ではないと推測できます。

ホテルから紅茶のコンサルタントの依頼を受けることがありますが、私は講習会でホテルの従業員の皆様に一番初めにこう言います。

「紅茶は、ホテルで一番最後にいただく飲み物です。ですから最後を“ああ、おいしかった”という印象でお送りして差し上げましょう」

ホテルに滞在すると、そこでいただく最後のお食事は朝食です。朝食の一番最後にいただくもの、それが紅茶だとすると、ホテルステイの締めくくりとなるのです。紅茶の味が深く心に残るものならば、そのホテルで過ごした時間は、きっといつまでも忘れられない思い出となるでしょう。

実はホテル滞在中のあらゆるシーンの中で紅茶を上手に活用することで、そのホテルの印象を高めることができます。お迎えからお見送りまで、紅茶をさりげなく登場させることで、そのホテルは「紅茶のおいしかったホテル」と記憶に残ります。

人は、本当においしいものに出合うと、それを体感した場面を忘れません。料理でもお酒でも「あのときの、あの味は本当においしかったわ」という思い出は、もう一度いただきたいという気持ちとともに何度でもよみがえります。

思い出してみてください。それは旅先で食べた新鮮な魚介類だったり、取り寄せた名産地の果物だったり、あるいは誕生日のケーキ、特別な記念日に大切な人と飲んだワイン…。あなたの記憶に残るその「味」は、そのシチュエーションとともに丸ごと記憶に残っているはずです。

それをもし、紅茶によってホテルの思い出として演出できたならば、紅茶が利用価値の高い飲み物だということに気付いていただけると思います。

お客様のホテルの滞在中に、"紅茶のあるひととき"を様々なシーンでご提供できます。例えば沖縄のリゾートホテルに私が提案するのは、こんな紅茶の使い方です。

チェックインのおもてなしには、ロビーでの「ウェルカムドリンク」はいかがでしょう。お越しになったお客様をハイビスカスティーやシークワーサーティーなどその土地ならではの食材を使った紅茶でもてなすことで、非日常の空間へ来たという気分を高めていただけると思います。特に暑い夏はアイスティーがよいでしょう。汗もひいてお客様もほっとされることでしょう。

次のシーンは客室のミニバーです。ホテルの「オリジナルブレンド」のティーバッグを備えます。包装もホテル仕様にすると特別な紅茶であることを表現でき、おもてなしの気持ちをお伝えすることができます。オリジナルブレンドは、そのまま紅茶ギフトにもなります。お土産にお勧めすると旅を思い出す一品になったり、プレゼントに利用していただければホテルの魅力を宣伝できるツールにもなるでしょう。

会員制のホテルでしたら、クラブフロアに複数の紅茶を用意して、お客様が選んで飲める「セレクトティー」はいかがでしょう。季節によってバリエーションを変えると、会員の方の楽しみも増えるでしょう。

ラウンジやレストランでは、ブレンドを工夫して特別な「オリジナルティー」をご用意するのはいかがですか。ハーブティーと紅茶のブレンドティーや、チャイのようなスパイスティーなどバリエーションは広がります。またスイーツとセットの「アフタ

ホテルでのお迎えからお見送りまで

# 紅茶のあるシーン

| おもてなしの流れ | 紅茶が登場するシーン | | 提案する紅茶 |
|---|---|---|---|
| **チェックイン** | | | |
| ロビー | ウェルカムドリンク | | ・ハイビスカスティー<br>・シークワーサーティー |
| **客室にご案内** | | | |
| ゲストルーム | 部屋置きティーバッグ | | ・オリジナルティーバッグ アルミ個包装タイプ |
| **フリータイム** | | デキャンタサービス | |
| クラブラウンジ<br>エステサロン・スパ<br>プールサイドガーデン<br>ラウンジのティータイム<br>ショップ | セレクトティー<br>ケーキセット<br>アフタヌーンティー<br>紅茶ギフト | | ・業務用オリジナルティー<br>・リラクゼーションティー<br>・ハーブブレンドティー<br>・スパイスティー |
| **ディナー** | | | |
| レストラン | ワイングラスでアイスティー<br>食後の紅茶 | | ・業務用オリジナルティー |
| **ナイトタイム** | | | |
| バー | 紅茶カクテル | | ・業務用オリジナルティー |
| **朝食** | | | |
| ビュッフェ会場 | ティーパンチ<br>食後の紅茶（最後の飲み物） | | ・業務用オリジナルティー |
| **チェックアウト** | | | |
| お土産 | お土産 | | ・オリジナルティーバッグ アルミ個包装プチギフト<br>・オリジナルティー 缶入りティーバッグ<br>・オリジナルティー 缶入りリーフ |

ヌーンティー」を看板メニューにすることで、ホテルの個性を打ち出すこともできます。

ホテルのプールサイドなら、ホテルステイのひとときをゆっくりと過ごすための飲み物に、アイスミントティーやハイビスカスティーの「デキャンタ販売」はいかがでしょう。

レストランのディナーメニューには、ワインの代わりのソフトドリンクとして「紅茶をワイングラスで提供」することをお勧めします。この本の中でもご紹介していますが、料理と紅茶のペアリングは、特別な日の夕食にぜひともお勧めしたい紅茶のご提供の仕方です。私はお酒が飲めない体質なのですが、ワインで料理を楽しんでいる皆様の様子をとても羨ましく思い、ガス入りウォーターを注文する自分にどこか引け目を感じていました。お酒の飲めないお客様も、お酒を飲む方と同じようにワイングラスでドリンクをいただけるのは、同じ喜びを共有でき満足度を高めてくれるものです。また、ペアリングで料理にぴったりの紅茶をワイングラスでいただけるのは、味の観点からもこの上ない喜びです。

バーでは紅茶を使ったカクテルはいかがですか？ 紅茶はバリエーションが豊富ですから、リキュールとの相性も広がります。

ホテルで最後に提供するのが、朝食の紅茶です。

ビジネスシーンの朝にコーヒーを選択するような方にも、バカンスの朝食ならば私からは「気持ちと体を解きほぐす紅茶はいかが？」とお勧めしたい気持ちです。

ビュッフェスタイルの朝食ならば、アイスティーにフルーツを漬け込んだ「ティーパンチ」をお勧めします。オレンジ、ベリーなどをカットして透明なボウルに紅茶とともに入れてお出しします。ミントなどを飾ると彩りもよく、朝食の会場が華やぎます。心地よい酸味が体を目覚めさせてくれるメニューです。

朝食後の紅茶は、そのホテルの最後の飲み物になります。ステイ先に選んでくださった感謝を込めて、どうか特別な紅茶をご用意して送り出して差し上げてください。忘れられない味は、忘れられない思い出となるはずです。

# Café&Meal MUJIのお手伝い

無印良品とは「Café&Meal MUJI」という新しいブランドでカフェを始められた頃からお付き合いさせていただいています。

「素の食」をテーマに優れた食材を使われ、スタッフの皆様が日本中、世界中に出かけられて実際に生産地を見て、触り、そのバックボーンを知ったうえでセレクトし、販売されています。吟味して集められた食材に、私たちの手がける紅茶も入れてくださりお役に立てることを誇らしく思います。

無印良品の方々が初めて沖縄に来てくださったのは、国産紅茶品種のべにほまれの生産に着手し始めた頃でした。その後も何度もお越しいただいて苗木の成長を見てくださり、育った茶畑で一緒に茶摘みをし、製茶も行いました。スタッフの皆様を対象にした紅茶セミナーも何度も開催し、世界中からオファーのある会社のバイヤーとしての品質の見分け方や、ブレンダーとしての商品開発の技術を共有することで、世界で選ばれる会社であるようにと取り組ませていただいています。

あるときは朝の9時から夕方の4時まで、紅茶セミナーのみで1日を割いてもらい、座学からバリエーションのあるテイスティングを行いました。他社を含めたいろいろな紅茶を同条件で抽出して飲み比べ、開発中の商品が市場でどのようなポジションにあるかを確かめ、その後メニュー開発の基礎知識を学んでいただきました。会社の方針として紅茶の知識と技術の習得に熱心に取り組まれたことと、特に紅茶がお好きな方がおられたことから、スタッフの中から講師が育ち指導にあたられるまでになりました。

10年ほど前から始まった無印良品の海外展開においてもお手伝いさせていただいていますが、香港、シンガポールで紅茶セミナーを行い、水質の違う環境でも対応可能なオリジナルティーの開発もしました。海外のシェフにお会いした際に、初対面のごあいさつで「この紅茶を僕らがどんなに好きか知っているかい?」と言われたときは、嬉しさとともに感謝の気持ちが湧いてきました。

これまでいくつもの商品の開発をお手伝いさせていただき、オペレーションに対しても改善をしてきました。例えばチャイでは、全て天然のスパイスを使ったブレンドにして鍋で煮詰めないオペレーションを開発しました。煮詰めずにポットで抽出することで、飲み込んだ後に喉の奥で天然スパイスの香りが波のように重なります。おかげさまでお客様に長く愛されています。

またスリランカへ紅茶の視察に一緒に行った際には、ホテルから見えた茶園が美しいので行ってみようということになり、決してよいとは言い難い道のりを片道3時間かけて訪れました。茶園の看板を見ると、コロンボオークションでも見かけたことのない名前。駐車場に車を停めて降りると、めまいがするほどのよい香りがし、感動しました。工場を見学する間の私は興奮しっぱなしで、ご一緒した方たちから「長い付き合いだけれど、こんなに喜ぶ内田さんを初めて見た」と言われたほどです。

隅々まで見学してテイスティングしたとき、予感に対する興奮は確信に変わりました。このとき見つけた紅茶は、無印良品のシェフと共に開発し、オリジナルブレンドになりました。共に見つけ作り上げた、初めての紅茶です。

オリジナル紅茶はこれまで、セイロンティーをベースに沖縄産をブレンドしていました。そこに新たにウバを加えて上あごへアプローチする味を伸ばし、新しく見つけたこのセイロンティーでボディを補強し、さらに印象的な味になるように組み立て直しました。飲み進んでカップの半分ほどに来て、温度が下がった時点で最もおいしいと感じていただけるバランスに仕上げました。

原料のままではアプローチポイントが少ないので、複数の個性の違う茶葉をブレンドすることで色はより美しくなり、味は深みを増し、口の中で広がる柔らかく甘い香りの対流時間を長くすることができます。するとそれは印象に残る紅茶になります。

このとき出来た紅茶は、食事でもスイーツでも楽しめる、どの食材の風味も邪魔しない紅茶になりました。この品質でこのブレンドができたことは、私が手掛けた紅茶の中でもトップレベルです。たまに試飲する当社スタッフが「おいしすぎる」とやきもちを焼いてくれる商品であることも嬉しいことです。国内外のCafé&Meal MUJIでおいしい紅茶をサービスしてくださるスタッフの皆様に心から感謝いたします。

（敬称略）

# 国産紅茶のお手伝い～明郷園（高知）

沖縄で本格的な原料紅茶の生産に取り組み始めた頃は、国内の他の産地から現場を見てアドバイスを欲しいとお声がけいただいてもできませんでした。それはスリランカで紅茶作りがフィロソフィーであることを教えてくれたドール氏の言葉が胸にあったからです。

「紅茶作りは、車の運転を習うのと同じだよ。車が好きな人ではなく、運転できる人に教えてもらわないと、車は動かせない」

私自身が紅茶作りでようやく思うように運転できるようになってきたと感じ始めた頃、高知県でアールグレイの香り付けに使うベルガモットの生産ができるようになったという情報が入りました。国産ベルガモットの初めての成功に私は大きな関心を寄せていたので、高知県の行政の方からお声がけがあった際に、ベルガモット見たさに訪問することにしました。これが沖縄以外で初めての、紅茶作りのお手伝いでした。

私は高知のことを知るために、「紅茶百年史」を読みました。そして高知県の方にご案内いただいたのが、明郷園の澤村和弘さんご夫妻の茶園です。

車で案内いただく途中、窓から見える景色にだんだん興奮して気持ちにスイッチが入りました。川岸に生えている背丈の高い草木は、その昔スリランカで同じような光景を指差し「こんなに背の高い草が育つのは、上流からミネラルがたくさん流れてくるからだよ」と聞いたのを思い起こさせます。

さらに進むと、石垣が組まれた段々畑も見えてきます。雨水は石を伝ってミネラルを含み畑に染み込みます。これから向かう茶畑が、紅茶生産の条件にかなっていることが、霧が晴れるように見え始めました。

ミネラルを有する山、肥沃ではない土、古い木。はつもみじというその茶の木は紅系の名前なのでアッサム種です。期待が高まり現地に到着しました。

案内された風光明媚な景色の中にある製茶工場は、気持ちよい風が流れています。窓から入るこの風は、人にはよいのですが、温度と湿度で成分がくっついて形成される紅茶ポリフェノールには、条件が足りていないことに気がつきました。

まずは作られている茶葉を見せてもらいました。すると茶葉は、大きく4種類が混じった均一ではないものでした。そこで不要なものをピンセットでつまみ出し、4つに分けてテイスティングしました。

きちんと紅茶になれていたのは1つだけ、あとの3つは紅茶には必要のない風味でした。1つは乾いた茶葉、1つは完全発酵する前に乾いた茶葉、もう1つは揉《も》まれていない茶葉。

乾いた茶葉は、茶摘みの萎凋《いちょう》の概念が違っていたので直し、改善しました。完全発酵する前に茶葉が乾くのは、製茶工場の窓を開け放ち、人には気持ちよい風が茶葉を乾かしていたからでした。工場の窓を閉めてもらったところ、萎凋から発酵までの温度と湿度を保つことができました。

揉まれていない茶葉ができていたのは、揉みの概念の違いです。揉むことはクラッシュではなく、メイクするのだと考え方を変えていただきました。

私の父と言えるほど先輩の澤村さんが、沖縄からやってきた私の話に耳を傾けてご一緒に動いてくださる様子を見て、ベルガモットに釣られて高知に来た自分を恥じ、澤村さんご夫妻にこの茶畑の本当の風味を体験してもらいたいと、それまでに知り得たことをできるかぎりお伝えしたのを思い出します。

条件が全てそろうことで、完全発酵の紅茶になること。1つでも欠けるとそれは半発酵の烏龍茶になること。沖縄で自分の畑で見つけてきた、1つ1つの製茶工程の概念を共有したつもりです。翌日、出来上がった紅茶を飲んだ澤村さんの奥様が、涙を浮かべられました。ご自分の茶畑から生まれる本当の風味を知ってくださったことは、私にとってもとても嬉しいことでした。

手元に出来た紅茶の、市場でのポジションと可能性、価値を感じていただくために、世界の紅茶と並べてテイスティングをしました。澤村さんの、花の香りがほのかにただよい、奥の方に蜜の甘さのあるしっかりしたボディの紅茶は、たくさん並べた中でも個性がありました。

1軒の農家さんにお伝えしたことが、繰り返し作り続けることで確立されてゆき、いつしか地元の皆様とシェアしていただけるようになるまでの時間を保つために提案したのは、守秘義務契約でした。車の運転ができるようになって伝えてほしい。そんな思いからお願いした約束もそろそろ必要ないと思います。おいしい紅茶を作りたい、茶畑の本当の風味を知りたいという方のお手伝いをする喜びを高知の皆様に教えていただいたことに感謝いたします。

# *Chapter7*
# 沖縄での紅茶作り

沖縄で紅茶を作ることができる
地球儀を見てそう気がついたとき
すぐに頭に浮かんだ考えは
「時間とお金がかかりすぎる
絶対に手を出してはいけない」
そこから月日は流れ
ある日、いつもながらに美しい
沖縄の夕日を眺めていたら
自分の本当にやりたいことが
見えてきました
「沖縄で紅茶を作り皆様に喜ばれたい」
思いついてから5年目に着手した
沖縄での紅茶作りです

## 「月夜のかほり」～琉球紅茶のポジショニング

琉球紅茶の取り組みは、沖縄本島の北部の足元にある赤土が紅茶の原料栽培に適していることをどう伝えようかということから始まりました。

苗になる枝を分けてもらい、苗木に育つまでの２年間、茶畑を探しながら定植の準備をします。

同時に、これから作る沖縄の紅茶の価値の設定を考え、はたしてこの紅茶の味はどこまでいけるのだろう、紅茶の価値はどこまで高まるのだろう…そう常に思いながら、日々を過ごしていました。

これから長く時間のかかる紅茶物語を皆様にお伝えする方法として、まずは自社ブランド「琉球紅茶」を作りました。

私たちは主に業務用の紅茶の会社でしたので、自社ブランドを作ることは在庫を抱えるため不安でした。商品は海外から仕入れるいろいろな産地の原料紅茶と、育てている沖縄産の原料紅茶をブレンドして作りました。この決心も大きな選択でした。

それは私がブレンドを作ろうと思えば、安くておいしいものが作れるからです。未来の産業となる沖縄の紅茶は、再生産がずっと続けられるためにも、高くておいしいものに押し上げたいと願いました。

しかし本当によい紅茶ができるかはまだ誰にもわからない時期でしたので、照準を定めることができる段階にはありません。農業には常に質と量の選択があると思います。日本で作る紅茶は質を大切にするべきだと考え、そちらの方向に心を決めました。

紅茶を作るだけでは紅茶生産地とは呼ばれません。長く紅茶を作る国を見てきたからこそ、そう感じます。どうすれば産地になり、どうすればテイスティングで情報を見抜く世界中の紅茶バイヤーに、ニューワールドとしての琉球紅茶を認めてもらえるのか。

特に、他の生産地との違いをどうつけられるのかが課題でした。

北緯30度より南にある沖縄。作物にはデメリットのように言われていた肥沃でない赤土、強い紫外線、台風などの強風、硬度の高い水、その全てが原料紅茶の

45
30°
モンゴル
ゴビ
ヒマラヤ山脈
中華人民共和国
パキスタン
インド
バングラデシュ
ミャンマー
(ビルマ)
ベンガル湾
15°N.
スリランカ
モルディブ
60°
75°
90°E.
タイ
ラオス
カンボジア
ベトナム
台湾
フィリピン
日本
北マリアナ諸島
マレーシア
ブルネイ
シンガポール
105
赤道
15°S.
パラオ
(ベラウ)

生産に合っていました。

その話を当時ご縁のあったデパートのバイヤーさんにお話しすると、それはワインの世界ではテロワールと言うと教わりました。生産地の持つ風土と気候を含むあらゆる条件と作り手の考えを総称した呼び名でした。

この言葉は、以前聞いた「スリランカで紅茶つくりはフィロソフィーが最も大事」という話とも合致して、これから取り組む紅茶製造は、沖縄のテロワールを生かすと、取り組む方針も決めました。

紅茶を作り始めた最初の年、出来た紅茶を地元の方々に飲んでいただくと、想像以上のボディのある風味に皆が驚かれました。その驚きが、残念なことに中傷に変わり「あれは沖縄産ではない。ブレンドしている」と言われてしまいました。それがスタッフの耳にも入り悲しんでいました。

私はその噂を悲しいとは思わず、「将来、沖縄でもっとよいものが出来たとき、これは間違いなく沖縄産の紅茶だと誰が見てもわかるようになるにはどうすればよいか」を考えていました。

そこで、沖縄から近く、戦前の国産紅茶の産地であった台湾に行ってみることにしました。台北市南部にある猫空はロープウェイで行く、台湾のお茶の名産地の1つです。

台湾各地の茶葉の紹介をする展示センターを目指し歩くと、今まさに製造している小規模の工場がいくつもあります。工場をのぞきながら何度も行ったり来たりしては展示センターに戻り頭を整理して、沖縄での製茶をイメージしました。

このとき工場で見てヒントを得たのが、オーソドックス製法のリーフの形状の茶葉です。お湯の中で開く茶葉が、茶摘みをしたときの葉に戻るという独自の形を選ぶことで、他とはブレンドできない茶葉になり、これから生まれ始める沖縄の紅茶の価値を押し上げてくれると考えました。大きく撚《よ》れたリーフの茶葉は、輸入で日本に入ってくることはほとんどないからです。

こうして琉球紅茶の目指すあり方が決まりました。沖縄のテロワールを形作り、形状を混ぜられない特別なものに仕立て、ひたすら試作を続けます。沖縄産の茶葉の持つポテンシャルを最大限に高める製茶の方法の確立は、試行錯誤の連続でした。

紅茶製造においては、最低温度が重要です。紅茶ポリフェノールの結合温度が20度以上だからです。ですから私は毎年、最低気温が20度を超えて光合成が進み成分の蓄積が安定するまでは茶摘みをしません。

紅茶らしいものを作りたいのか、ただ紅茶を作りたいのか、皆様に喜ばれ自慢していただける紅茶を作りたいかで、茶摘みして製造する時期が変わります。沖縄県は4月後半から12月までが最低気温20度を超えるため、紅茶を作るのはこの時期だけと決めました。

完全発酵で作る紅茶は、製造条件が1つでも欠けると半発酵となり、紅茶を作ろうとしても出来上がるものは烏龍茶になります。

例えば、茶摘みした後に行う萎凋という工程では、水分量を下げることが目的なのですが、うっかりするとただ乾燥させてしまいます。萎凋はとてもナイーブな作用のため、慎重に進めなければいけません。

乾いてしまった茶葉は、揉《も》むと捻《ねじ》れず崩れます。この破片が混ざった状態で紅茶を作ると、枯葉の混じった紅茶になります。萎凋がうまくいかないと、その後の作業を台無しにしてしまうのです。

出来た原料紅茶は、その都度テイスティングします。テイスティングから得た情報を茶畑での栽培に生かすためです。

テイスティングを何度も重ねる中で、独自の理論として生まれたのがタンマップでした。舌のどの位置に余韻が残るのかを、産地・標高で分けました。沖縄のタンマップも探しましたが、世界の他の産地とは違う個性になりました。

その昔、スリランカで何を飲んでも表現の乏しい私が「飲みやすい」と紅茶をほめたつもりが、

「飲みやすいものがいいなら水を飲め、紅茶はいらない」

と厳しいコメントをもらったことがありました。

そのときは意味がわからず重い気持ちになりましたが、「紅茶はなくても生活できる、だけれども好きな紅茶が手元にあると嬉しい。紅茶は嗜好品なのだ」と後になって気がつきました。

好きな紅茶、そう思ってもらえるのは個性があるからです。沖縄らしい味に仕上げていくことを大切にしました。

こうして、自分で見つけた沖縄の価値をどう磨いていくのかを同時に考えながら紅茶を作り続け、出来上がった商品が「月夜のかほり」です。

琉球紅茶

2011年、パリのシャングリ・ラ・ホテルで開催された、グルメガイド「ピュドロ」のアワードパーティーでは、世界中から集まる食通のお客様500名にこの「月夜のかほり」をふるまいました。

「日本のどこで作っているの？ 金武町だって？ そこは紅茶のボルドーだね」

とフランスの人に言っていただけたことを覚えています。

口当たりは丸く広がり、印象的なボディ。口の奥と鼻腔に回るアロマと余韻の長さは、おそらくこれまで出合ったことのない紅茶だと思います。

これこそが私たちが目指してきた紅茶でした。

金武町に植えている紅茶品種は3種類、「べにほまれ」「べにひかり」「べにふうき」です。

沖縄の風土への適性を見極めるために最初から3つの種類を選び、植えたのですが、もう1つの目的はその後の商品化のためでした。

年によって、季節によって、作るたびに出来上がる風味の異なる原料紅茶を、同じ風味の紅茶製品に整える作業がブレンドです。いつでも変わらない沖縄の味を作るためにも、この3種類を育てています。

沖縄での紅茶作りを通して、記憶に残るブレンドを作れるようになったのがようやくここ最近です。やっと自分のことをブレンダーだと思えるようになりました。

「月夜のかほり」は、ストレートは豊かな風味で、お砂糖が加わると風味のフレームがはっきりとして華やかにまとまり、花束をきゅっと束ねたような着地をします。ミルクを加えると、独自のナッツフレーバーが出てきて、ストレート、砂糖、ミルクの3段階の変化が大きな紅茶となりました。

この紅茶は生産量がまだわずかなので、予約販売が中心ですが、銀座のレストランなどでもおかげさまでお楽しみいただけるようになりました。

沖縄のデパートの直営店の店頭にはいまだ常時並べることはできていませんが、今後より多くの方にお届けできることを目指しています。

大切な方に両手で差し上げる贈り物として、また紅茶愛好家の皆様にはご愛顧いただける、私たちにとっても喜びあふれる商品となりました。

# 琉球ロイヤルティーの取り組み〜琉球大学

沖縄で原料紅茶の生産に取り組んで、商品にして皆様にお飲みいただけることに手応えを感じ始めた頃、私は沖縄で価値ある紅茶を作るコンセプトを改めて考えました。

沖縄は紅茶の栽培が可能である。しかも日本に残る希少品種の茶の木は、条件を満たせば沖縄の気候と風土に寄り添って育ち、世界市場の中で誇れる味と香りを醸すこともわかりました。ならばただ産地として発展していくだけでなく、そこに何か意味のあるものが築けたならば、より多くの人に愛されるものになり、世界中から求められるものになるに違いありません。

海外からの視点も踏まえてたどり着いたのが、「琉球王朝時代の茶畑に、日本が誇る紅茶品種を植えて作る琉球ロイヤルティー」という構想でした。

かつての琉球王朝で、お茶を生産していたことは以前より知っていましたが、まずは歴史を紐解き何があったかを知ることが必要と考え、文献をたどりました。琉球王朝の尚氏の茶畑はどこにあったのか…。図書館で古い書物を読みあさる中で私は、浦添市にある茶山団地がもともとは茶畑であったことを知ります。

しかし団地がある場所に、茶畑を再現することはできません。調べれば調べるほど、茶畑をよみがえらせることはできないという、現実の壁が立ちはだかりました。

諦めるしかないのかと意気消沈しかけたある日、偶然手にした本に、諸外国の使者をもてなした茶畑が今、琉球大学になっている、と書いてありました。

世界の紅茶市場の中で、沖縄として誇れる文化はなんだろうと常々考えていましたが、かつて外国の使者をもてなすために茶の生産をしていたことを知り、琉球王朝が築いたおもてなしの文化を紅茶でもう一度よみがえらせたいと強く思いました。

両手から生まれる紅茶で世界の皆様におもてなしの気持ちを伝えることができたなら、どんなに素敵なことでしょう。その1行は、私の折れそうになっていた気持ちを再び勇気づけ、前を向かせてくれました。

目指すものが明確になると、もう頭はそのことでいっぱいになります。私は機会があればどなたにも、琉球大学が琉球王朝の茶畑の跡地であること。そこに国際的にも価値が高い古いアッサムのDNAを持つ「べにほまれ」を植えて「琉球ロイヤルティー」を作りたい、という思いをお話ししていました。

しかしその話をするたびに、すごくいい話だけれど国立大学に茶畑を作ることは難しい、とどなたも賛成してくれません。

私も十分にその難しさの意味はわかりますが、叶わなくて普通で、夢のような話かもしれないけれど実現できたらとても素晴らしいことと、思い描くだけでワクワクする気持ちが湧いていましたので、どんなことを言われてもへこむことなくいろいろな方にお伝えし続けました。

するとある日、琉球大学の秘書室からお電話がありました。学長が会いたいとのことで面談の日時が決まり、私は大学に伺いました。

学長は、「内田さんの言っていることを調べたら本当だった。だから連絡しました」とおっしゃいました。私が知っている限りのことを話しましたら、その話に耳を傾けてくださり、そして大きくうなずかれ、こうおっしゃいました。

「植えよう、べにほまれを」

後日、学部長をはじめとする農学部の皆様たちとのお時間をいただき、そこから話し合いを重ねることができました。担当教諭が決まり、こうして茶畑をよみがえらせるプロジェクトが緩やかに始まりました。

2018年、琉球大学の農学部試験場の100坪の畑に、学生の方々とともにべにほまれの苗を定植しました。

今はまだ幼木ですが、これがだんだんと大きくなっていき、いつの日か「琉球ロイヤルティー」として多くの方に飲んでいただけるものになったなら、これほど嬉しいことはありません。

琉球大学からいただいたこの機会を私は大切にし、この茶畑の原料紅茶から、紅茶製品を作る取り組みに発展させていきたいと考えています。

そして同時に、沖縄で経験して知り得た紅茶の知識全てをこれから共有していくことで、少しでも沖縄の皆様に恩返しができれば嬉しいです。

# 究極の地産地消を目指して〜カヌチャリゾート

沖縄には、日本で初めてリゾートホテルとして提供する紅茶を自社の敷地で育てることを目指しているホテルがあります。名護のカヌチャリゾートです。

紅茶の栽培に適した肥沃ではない赤土をホテルの敷地内に持ち、日照や紫外線量など紅茶栽培にとっての好条件を兼ね備えているホテルが、カヌチャリゾートでした。

4年ほど前に紅茶に興味があるとご連絡をいただいたときには、本当に嬉しくて、すぐに伺わせていただきました。聞くと紅茶作りに取り組んでみたいとのこと。私は合わせてホテルのこれまでの取り組みのことも伺いました。

カヌチャリゾートは80万坪という広大な敷地を持ち、ホテル棟の他に別荘、コテージ、ゴルフ場、ビーチと様々な施設があります。滞在期間中のプログラムは多岐にわたり、沖縄の自然環境を保護する考えのもとに大自然の豊かさと風土、文化を体感できるワークショップがさまざま用意されています。

実際に滞在してみると、敷地内を開墾した広い赤土土壌には朝日が当たり日照条件は申し分ありません。深い湾に面していて、海のミネラルが台風によって巻き上げられて降り注ぐのに程よい位置にあります。

さらに夜空の星のなんと美しいこと。清浄な土地であることも1つの条件ですが、星の瞬きは都市部から離れ空気が澄んでいることの証とわかります。

紅茶の農園作りは投資であることをスリランカで教えられていましたから、条件が悪く投資した分を回収できる見込みがなければ植えてはいけないという考えでした。ですから過去に他で、何度かいただいた紅茶栽培のお話も進められないことがありました。紅茶栽培は茶の木を苗から育てるところから始まり、世代を超えて育むものです。情熱があったとしても、それにも勝る根気を持

って取り組む覚悟が必要なのです。

カヌチャリゾートは紅茶の栽培に適した自然環境をお持ちな上に、代表の白石社長が地域に還元できる農作物であること、産業として仕事を作ること、紅茶がテロワールを大切にするものであることに理解のある方でした。

翌年、日本で初めてのホテルでの紅茶栽培が、世界に誇る紅茶品種「べにほまれ」の苗木を300坪の畑に定植することからスタートしました。

現在、農薬や殺虫剤、除草剤を使用せず、自然の力をそのまま借りて人間ができるだけ手をかけない紅茶栽培に取り組んでいただいています。

定植から2年たち、テスト生産で初めて作った紅茶をホテルスタッフの皆様とともにテイスティングする機会を持ちました。たくさんのスタッフが参加する中で、茶畑を担当する3人のスタッフは、不安だったのか緊張の面持ちで全体の中で控えめに見えました。

ところが皆で一緒にテイスティングしたとたん、振り返って後ろに立っていた私に向かい、紅茶を指差して「これ、私が摘みましたよ」と誇らしくおっしゃいました。私は胸がいっぱいになりました。

紅茶を作るお手伝いをする中で、スタッフの皆様の心の中にも心の木が育つことを願っておりましたので、その一歩を共に踏み出せたことが何よりも嬉しかったのです。

あと数年するとカヌチャリゾートは、敷地内で育てた紅茶でお客様をおもてなしする、究極の地産地消を実現するホテルになります。（敬称略）

# 内田さんから紅茶の魅力を学んで

山形大学農学部教授　江頭宏昌

沖縄ティーファクトリー代表の内田智子さんが2007年から沖縄県金武町で苦労しながら紅茶の茶樹栽培を始め、それを加工した紅茶がヨーロッパでも品質を認められているということは、たまたま目にした新聞やTVでかなり以前から知っていた。その後、内田さんが高知県で明郷園さんの指導に入ったときに県の担当だった職員と私がたまたま旧知だったので、内田さんを紹介してもらえることになった。2017年3月のことだ。

初めてお会いしたのはその同じ月、内田さんの会社を訪問したときだった。流れるようにこれまでの取り組みをお話しくださり、なんと嬉しいことに内田さん自ら世界の代表的な紅茶と琉球紅茶の特徴が分かるように、テイスティングを体験させてくださったのだった。飲んだ後の舌上の刺激の場所に特徴があるといい、内田さんの独自理論の「タンマップ」の話を聞いたときには、目からウロコがいくつも落ちた。また琉球紅茶の美味しさに驚いていると、台風直後の葉ならもっと美味しくなりますよとおっしゃるのだった。

その季節にあわせて同年の10月初め、休暇を取って沖縄の内田さんを再訪したいので、恐縮ながら紅茶の製茶工程を見せて欲しいとお願いした。多忙な内田さんに何度も時間を取ってもらうのは申し訳なかったが、これが一生で最後のチャンスだという気持ちだった。

そもそも私が紅茶に惹かれるようになったのは30年前、京都にいた学生時代。それ以来、近年まで世界各地のガーデンティーをショップからときどき買って違いを楽しむ程度だった。山形大学農学部で行っている私の講義の中で1～2時間、紅茶の話もしているのだが、現地の実体験が無いまま他人の本の受け売りの話をしていた。紅茶の本質的な特徴や善し悪しの基準などはどこにも書かれていないので、やはりいつかは紅茶の栽培や製茶の現場を見て学んでみたいと考えていたのだった。

紅茶の本には通常、大がかりな機械で萎凋、揉捻、発酵、乾燥を行うといった大雑把な説明しか無い。まして茶葉がその間にどのような色や香り、温度の変化をして紅茶に変身していくのかなど知るよしもない。内田さんに教えてもらうまで、まさか畑で自分が摘んだ両手いっぱい程度のわずかな茶葉から、24時間以内に手作業だけで紅茶が作れるとは思ってもみなかった。そしてなにより、できたての紅茶の味と香りの豊かさは、いままで体験したことがない素晴らしいものだった。

理想のお茶の条件は何ですか?と内田さんにお聞きした。それは紅茶を口に含むと、香りや味が口の中で時間とともに立ち上がったり、広がったり、消えたりする。時系列でトップ、ミドル、ラストの特徴をとらえると、良いお茶は、トップやミドルに大きな特徴があっても、ラストの着地が美しいものです、とのこと。なるほどと素人ながらに納得してしまった。

沖縄は今、ハワイを抜いて世界中から多くの観光客が集まるようになった。内田さんが蓄積してこられた深い経験と知識に加え、沖縄の地の利を最大限に生かしてつくり出した世界に誇れる紅茶は、沖縄にとっても、日本にとっても、今後ますます貴重な存在になることだろう。

*Profile*

江頭宏昌（えがしら ひろあき）

山形大学農学部教授
植物遺伝資源学が専門。山形県内外の在来作物の研究や保存活動などに積極的に取り組んでいる。書籍に『人間と作物』（ドメス出版）『どこかの畑の片すみで』（山形大学出版会）『焼畑の環境学』（思文閣出版）など（いずれも共著）。山形在来作物研究会会長。

# おわりに

シンプルだけれども大切なことをたくさん教えてくれたスリランカ。生きていくということは、選択することだと学びました。

沖縄での取り組みは、すぐに成果が上がらない時間のかかることばかりでしたが、たくさんの出会いをいただき、たくさんの経験を積むことができました。スリランカの紅茶工場からコロンボに運ばれていく紅茶。それを買い付ける、そして商品になる。途切れ途切れの情報が沖縄での取り組みのおかげで1つにつながりました。

長いことテイスティングをする中で見えてきた、紅茶の産地ごとの舌へのアプローチの違い。ティーブレンダーとしての仕事は、これからが過去の経験値を最も生かせる期間でしょう。しかし今の身体的な能力は、あと10年ほどで変化します。時期を過ぎれば、得意なものには敏感だとしてもわからないものが出てくるでしょう。

ですから紅茶が好きでもっと知りたい、紅茶の仕事につなげたいとお考えの皆様に、これまで知り得たことをお伝えしてお役に立てたらと思い、この本にまとめることにいたしました。

いろいろな高い壁の前に立ちすくみ元気をなくした私に、背中から抱きついて「ママならできる。大丈夫」と励ましてくれた娘。あなたがそばにいてくれたから、ここまで続けてくることができました。

この機会に、ありがとうを伝えたいと思います。

出版にあたり、思いもかけない大きなチャンスをくださった誠文堂新光社さん、見守ってくださった担当の若松さん、私の中にしかない断片的な情報を引き出し見せてくださった加藤さん、沖縄まで紅茶を学びにきてくださった山形大学の江頭宏昌教授、ご一緒させていただくたびに新しい紅茶の世界の扉を開いてくださる奥田政行シェフ、この方の作る感動的なお菓子をもっとおいしく紅茶で楽しんでいただくお手伝いをしたいと願う辻口博啓シェフ、ご協力くださいました皆様、いつも共に働いてくれるスタッフに心からの御礼と感謝を申し上げます。

2020年1月吉日　　内田智子

*Profile*

内田智子（うちだ ともこ）

福岡県生まれ。スリランカ在住時にプランテーション事業に携わり、心からおいしいと思える紅茶に出合う。ISOに基づくテイスティング技術を身につけ、コロンボオークションなどで紅茶を直接買い付けてブレンドし均一な商品を作る技術を生かし、複数の会社のOEM・商品開発を手がける。場所や条件、目的に最適な紅茶をセレクトしタンマップで分類するオペレーションを確立させた。2000年からは沖縄で国産紅茶品種による紅茶生産プロジェクトをスタート。苗づくりから取り組んだ紅茶栽培は、紅茶の製造、商品化へと進み、自社ブランドを立ち上げた。テロワールを生かした紅茶作りとその普及に努めている。

*Staff*

ブックデザイン　釜内由紀江、五十嵐奈央子（GRiD）
撮影　尾原深水
編集　加藤真紀子（ラクア書店）

協力
江頭宏昌（山形大学農学部教授）
辻口博啓（モンサンクレール https://www.ms-clair.co.jp）
奥田政行（アルケッチァーノ http://www.alchecciano.com）
Café&Meal MUJI（https://cafemeal.muji.com/jp）
カヌチャリゾート（https://www.kanucha.jp ☎0980-55-8880）
明郷園（https://www.meikyoen.com）
大木綾子（食空間コーディネーター）　（敬称略）

茶葉《ちゃば》の見極《みきわ》めとペアリング
トップブレンダーが教《おし》える紅茶《こうちゃ》の流儀《りゅうぎ》

2020年3月20日　発　行　NDC596

著　者　内田《うちだ》智子《ともこ》
発行者　小川雄一
発行所　株式会社 誠文堂新光社
〒113-0033　東京都文京区本郷3-3-11
［編集］電話03-5805-7285
［販売］電話03-5800-5780
https://www.seibundo-shinkosha.net/

印刷・製本　図書印刷 株式会社



ISBN978-4-416-61919-3